JN029123

第二級海上特殊無線技士試験

やさしく学ぶ

吉村和昭・著

改訂2版

kHz

LICENSE
NAME

Ohmsha

本書を発行するにあたって，内容に誤りのないようできる限りの注意を払いましたが，本書の内容を適用した結果生じたこと，また，適用できなかった結果について，著者，出版社とも一切の責任を負いませんのでご了承ください．

まえがき

　光は，太陽や星の光として，人が目から直接感じることができるため，有史以来，様々な研究の対象にされ，ニュートン（I. Newton, 1642 - 1727）をはじめ，多くの学者が関わってきました．それに対して，電波は人が直接感じることはできませんが，イギリスのマクスウェル（J. C. Maxwell, 1831 - 1879）によって，電磁気に関する理論がまとめられました．1888 年，ドイツのヘルツ（H. R. Hertz, 1857 - 1894）によって，電波の存在が実証され，1895 年，イタリアのマルコーニ（G. Marconi, 1874 - 1937）が無線電信の実験に成功し，電波の実用化に第一歩を踏み出しました．1912 年に豪華客船タイタニック号が遭難したときに無線電信が使われています．現在は毎日多くの人が電波を利用していますが，まだ 100 年ほどしか経過していません．

　電波は 1 秒に 3×10^8 m（30 万 km）進み，通信，放送，物標探知，位置測定など多くの分野に利用され，人命の安全確保にも大きく貢献しています．

　有線通信では混信は発生しませんが，無線通信においては複数の人が同じ周波数の電波を使うと混信が発生しますので，自分勝手に自由に電波を使うことはできません．そのため，国際的，国内的にも約束事が必要になってきます．国際的には 1906 年に国際無線電信連合が設立され，国内的には 1915 年に無線電信法が制定されました．その後，無線電信法は，1950 年に電波法となり現在に至っています．

　無線従事者資格も時代とともに変遷しています．現在の無線従事者資格は，「総合無線従事者」，「陸上無線従事者」，「海上無線従事者」，「航空無線従事者」，「アマチュア無線従事者」の 5 系統に分かれており，全部で 23 種類あります．

　海上無線従事者には，海上無線通信士と海上特殊無線技士があり，海上特殊無線技士には「第一級〜第三級海上特殊無線技士」と「レーダー級海上特殊無線技士」の 4 種類があります．

　本書は「第二級海上特殊無線技士」（以下，二海特）の国家試験に合格できるようにまとめたものです．

　「二海特」の資格を所有する人は，1 606.5 〜 4 000 kHz の周波数では，空中線電力 10 W 以下，25 010 kHz 以上の周波数では，空中線電力 50 W 以下の船舶局や海岸局などの国内通信のための通信操作，これらの無線設備の電波の質に

影響を及ぼさないものの技術操作が可能です.

　「二海特」の受験者は年間約 2 000 ～ 3 000 人で，その合格率は概ね 80 ％程度とかなり高い合格率となっています（試験のほかに，二海特の養成課程（講習会）で毎年約 2 000 ～ 3 000 人が取得しています）.

　国家試験の試験科目は，「無線工学」と「法規」（電波法規）の 2 科目です.「無線工学」と「法規」に関する基本的な事項をしっかりと学習し，過去問を繰り返し解けば合格に近づきます. 本書は基本的な事項を解説した後，理解の確認ができるような練習問題を掲載しています. 練習問題にある★印は出題頻度を表しています. ★★★はよく出題されている問題，★★はたまに出題される問題です. 合格ラインを目指す方はここまでしっかり解けるようにしておきましょう. ★は出題頻度が低い問題ですが，出題される可能性は十分にありますので，一通り学習することをお勧めします.

　改訂 2 版では，最近出題が増えている GPS や AIS など，最新の国家試験問題の出題状況に応じて，テキスト解説や問題の追加・変更を行っています. また，1 編 7 章（空中線系）では，実際のアンテナの写真を掲載し，理解しやすいように努めました（写真をご提供いただきました秋山典宏氏に感謝申し上げます）.

　本書が皆様の二海特の受験に役立てば幸いです.

2023 年 9 月

吉 村 和 昭

目 次

1章 無線工学

2章 法 規

1編

無線工学

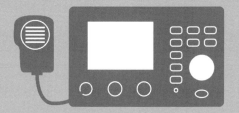

1章 電波の性質

この章から **0〜1** 問出題

電波の速度，周波数，波長の関係，偏波など第二級海上特殊無線技士に必要な電波の基礎的な性質を学びます．本章から直接出題されることはほとんどありませんが，電波，アンテナ，無線電話装置を理解するための基礎部分ですのでしっかり学習して下さい．

1.1 電波とは

「電波とは，**300万 MHz 以下の周波数の電磁波をいう**」と電波法第2条で規定されており，これからも「電波は電磁波の一部である」ということがわかります．電磁波は**図 1.1** に示すように，赤外線，可視光線，紫外線，X線，ガンマ線などに分類することができます．

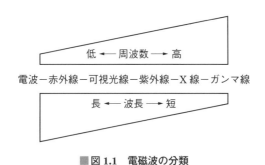

低 ←── 周波数 ──→ 高

電波－赤外線－可視光線－紫外線－X線－ガンマ線

長 ←── 波長 ──→ 短

■**図 1.1** 電磁波の分類

1.2 電波の速度

電波と光は電磁波であり，速度も同じです．光の速度を c とすると，真空中においては，c の値は次のようになります．

$$c = 3 \times 10^8 \, \text{m/s} \tag{1.1}$$

なお，真空以外の媒質中における電波の速度は，真空中より遅くなります．

1.3 電波の周波数と波長

　図 1.2 のように，1 つの波の繰返しに要する時間を**周期**（通常 T で表す），1 秒間に波の繰返しが何回起きるかを**周波数**（通常 f で表す）といいます．

　周期の単位は〔s〕（秒），周波数の単位は〔Hz〕（ヘルツ）です．

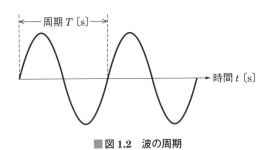

■図1.2　波の周期

　周期 T〔s〕と周波数 f〔Hz〕は逆数の関係にあるので，次式で表すことができます．

$$T = \frac{1}{f} \qquad f = \frac{1}{T} \tag{1.2}$$

　周波数は 1 秒当たりの波の繰返し数なので，1 つの波の長さの波長 λ〔m〕をかけると，1 秒に波が進む距離になります．これが速度 c〔m/s〕で次式のようになります．

$$c = f\lambda \tag{1.3}$$

　式（1.3）を変形すると，次式のようになります．

$$f = \frac{c}{\lambda} \qquad \lambda = \frac{c}{f} \tag{1.4}$$

　波長はアンテナの長さを求めるときに必要になります．

電波の周波数 f と周期 T の関係は，$f = \dfrac{1}{T}$

電波の速度 c，周波数 f，波長 λ の関係は，$c = f\lambda$

3

問題 1 ★ → 1.3

電波時計で使用している九州に設置されている長波標準電波送信所の周波数は 60 kHz である．波長を求めよ．

解説 式 (1.4) を使用して波長 λ を求めると

$$\lambda = \frac{c}{f} = \frac{3 \times 10^8}{60 \times 10^3} = \mathbf{5\,000\ m}$$

問題 2 ★ → 1.3

波長 3.75 m の FM 放送局の周波数を求めよ．

解説 式 (1.4) を使用して周波数 f を求めると

$$f = \frac{c}{\lambda} = \frac{3 \times 10^8}{3.75} = 80 \times 10^6\ Hz = \mathbf{80\ MHz}$$

問題 3 ★ → 1.3

電波の上限の 300 万 MHz の波長を求めよ．

解説 式 (1.4) を使用して波長 λ を求めると

$$\lambda = \frac{c}{f} = \frac{3 \times 10^8}{300 \times 10^{10}} = \frac{1}{10^4} = 10^{-4}\ m = \mathbf{0.1\ mm}$$

関連知識 接頭語

日常的に使用する接頭語を**表 1.1** に示します．

■**表 1.1　接頭語**

倍数	記号	読み	倍数	記号	読み
10^{12}	T	テラ (tera)	10^{-3}	m	ミリ (milli)
10^9	G	ギガ (giga)	10^{-6}	μ	マイクロ (micro)
10^6	M	メガ (mega)	10^{-9}	n	ナノ (nano)
10^3	k	キロ (kilo)	10^{-12}	p	ピコ (pico)

1.4 電波の周波数と波長による名称と用途

　電波は伝わり方（方向や距離）や送受信できる情報量などの性質だけでなく，気象条件（降雨や降雪など）による影響の有無などが周波数（波長）によって異なるため，それぞれの用途に適した周波数が用いられています．電波の周波数と波長による名称と用途を**表 1.2** に示します．

■表 1.2　電波の周波数と波長による名称と用途

周波数	波長	名称	略称	用途
3 〜 30 kHz	100 〜 10 km	超長波	VLF	潜水艦通信
30 〜 300 kHz	10 〜 1 km	長波	LF	標準電波
300 kHz 〜 3 MHz	1 km 〜 100 m	中波	MF	ラジオ放送，船舶通信
3 〜 30 MHz	100 m 〜 10 m	短波	HF	短波放送，船舶通信
30 〜 300 MHz	10 〜 1 m	超短波	VHF	FM 放送，航空通信
300 MHz 〜 3 GHz	1 m 〜 10 cm	極超短波	UHF	テレビ放送，携帯電話
3 〜 30 GHz	10 〜 1 cm	センチ波	SHF	衛星放送，レーダー
30 〜 300 GHz	1 cm 〜 1 mm	ミリ波	EHF	電波天文，レーダー
300 GHz 〜 3 THz	1 〜 0.1 mm	サブミリ波		距離計

※波長 1 m 〜 1 mm 程度をマイクロ波と呼ぶことがある．

VLF：Very Low Frequency　　　　LF：Low Frequency
MF：Medium Frequency　　　　　HF：High Frequency
VHF：Very High Frequency　　　 UHF：Ultra High Frequency
SHF：Super High Frequency　　　EHF：Extremely High Frequency

🎙 Column　縦波と横波

　波が伝搬する方向を進行方向としたとき，**変位が進行方向と同じ向きに生じる場合を縦波，進行方向と直角の向きに生じる場合を横波**といいます．**音波は縦波で電磁波は横波**です．音波の変位量は音圧で，進行方向に変化します．電磁波の変位量は電界と磁界で，どちらも変位の方向は電磁波の進行方向と直角になります．

関連知識 電界と偏波面

　電磁波は電界と磁界が時間的に変化しながら伝搬します．電界と磁界が伴って存在し，真空中では光速度で伝搬します．電界と磁界の振動方向はどちらもその進行方向に直交する面内にあり，互いに垂直になっています．この振動面を**偏波面**といいます．偏波面が波の進行方向に対して一定である場合を**直線偏波**といいます．この偏波面が時間的に回転する場合を**円偏波**といいます．

　直線偏波の電波の場合，図1.3に示すように電界が**地面に対して水平**の場合を**水平偏波**，**垂直**の場合を**垂直偏波**といいます．この図では水平面を地面としています．実線で示したのが電界の振動方向で，点線で示したのが磁界の振動方向です．

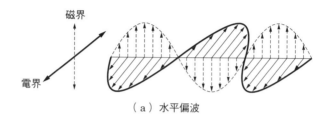

（a）水平偏波

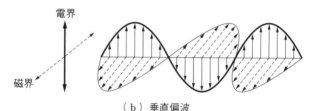

（b）垂直偏波

■図1.3　水平偏波と垂直偏波

　偏波面は電波を受信するときに影響します．アンテナの向きを電界の振動方向と一致するように設置すると，電波の受信効率がよくなります．テレビ用のアンテナは地面に水平に設置することが多いですが，その理由は，テレビ放送局で発射されている電波の多くは水平偏波で送信されているからです．

　これに対して，携帯電話の電波は垂直偏波であるため，携帯電話の基地局のアンテナのエレメント（素子）は垂直に設置されています．光の場合にもこのような偏波面を考えますが，光の場合は偏光と呼んでいます．

2章 電気回路

→ この章から **1** 問出題

電圧，電流，抵抗の関係を表したオームの法則，消費電力の計算法，抵抗やコンデンサの直並列接続の計算法，コンデンサやコイルの性質などを学びます．試験で出題されるのは，「抵抗の並列計算」，「消費電力の計算」，「コンデンサの直並列計算」，「コイル及びコンデンサのリアクタンス」，「導線の抵抗」などです．

2.1 オームの法則

図 2.1 に示すように，R〔Ω〕（オーム）の抵抗（図 2.2）に矢印の方向に I〔A〕（アンペア）の電流が流れていると，図の + − の方向に E〔V〕（ボルト）の電圧が計測されます．これを抵抗による**電圧降下**といいます．

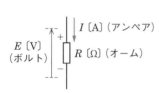

E〔V〕（ボルト）
+
I〔A〕（アンペア）
R〔Ω〕（オーム）

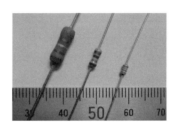

■図 2.1　オームの法則　　　　　■図 2.2　抵抗器の例

このとき，E，R，I の間に，次の関係が成り立ちます．

$$E = IR \tag{2.1}$$

これを**オームの法則**といい，電気では最も基本的な法則です．また，抵抗 R の両端の電圧が E であると，抵抗に流れている電流 I は次式で求めることができます．

$$I = \frac{E}{R} \tag{2.2}$$

ある抵抗に電流 I が流れていて，その抵抗の両端の電圧降下が E のとき，抵抗の値 R は次式で求めることができます．

$$R = \frac{E}{I} \tag{2.3}$$

電圧 E，抵抗 R，電流 I の関係は，$E = IR$，$I = \dfrac{E}{R}$，$R = \dfrac{E}{I}$ となります．

★★★
超重要

2.2　直流の電力

　抵抗や電球に電流を流すと，抵抗では発熱し，電球では光や熱になります．このとき，抵抗や電球で消費されるエネルギーを**電力**といい，単位は〔W〕（ワット）で表します．ここで，電圧を E〔V〕，電流を I〔A〕，電力を P〔W〕とすると，電力は次式で求めることができます．

$$P = EI \tag{2.4}$$

　式（2.4）は，オームの法則を使用すれば，次式のように表すこともできます．

$$P = EI = RI \times I = RI^2 \tag{2.5}$$

$$P = EI = E \times \frac{E}{R} = \frac{E^2}{R} \tag{2.6}$$

 電力の公式（$P = EI$）とオームの法則（$E = RI$）だけを覚えておけば，式の変形で式（2.5）や式（2.6）を導くことができます．

問題 ❶ ★★★　　　　　　　　　　　　　　　　　　**➡ 2.1 ➡ 2.2**

　図に示す電気回路の電源電圧 E の大きさを 3 倍にすると，抵抗 R によって消費される電力は，もとの何倍になるか．

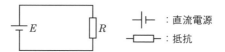

┤├：直流電源
─□─：抵抗

　1　1/9 倍　　　2　1/3 倍　　　3　9 倍　　　4　3 倍

解説　消費電力を P とすると，式（2.6）より $P = E^2/R$ になります．
　電圧の大きさを 3 倍の $3E$ にしたときの消費電力 P_3 は

$$P_3 = \frac{(3E)^2}{R} = \frac{9E^2}{R} = 9P$$

となり，もとの電力 P の **9 倍**になります．

答え ▶▶▶ 3

この問題と同様、「電源電圧 E を2倍にすると消費される電力が4倍になる」、「電源
電圧 E を 1/2 にすると電力が 1/4 になる」といった問題も出題されています.

2章

問題 2 ★★★　　　　　　　　　　　　　➡ 2.1 ➡ 2.2

　図に示す電気回路において、抵抗 R の値の大きさを3倍にすると、この抵抗で
消費される電力は、何倍になるか. 次のうちから選べ.

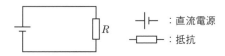

1　3倍　　2　1/3倍　　3　4倍　　4　1/4倍

解説　消費電力を P すると、式 (2.6) より $P = E^2/R$ になります.
　抵抗 R の大きさを3倍の $3R$ にしたときの消費電力 P_3 は

$$P_3 = \frac{E^2}{3R} = \frac{P}{3}$$

となり、もとの電力 P の**1/3倍**になります.

答え▶▶▶ 2

 この問題と同様、「抵抗 R の大きさを2倍にすると、消費電力が 1/2 倍になる.」「抵
抗 R の大きさを 1/2 倍にすると、消費電力が2倍になる.」といった問題も出題され
ています.

問題 3 ★★★　　　　　　　　　　　　　　　　　➡ 2.2

　抵抗負荷の消費電力が 120 W、負荷に流れる電流が 5 A のとき、負荷の両端の
電圧の値で、正しいのは次のうちどれか.
1　4.8 V　　2　24.0 V　　3　55.0 V　　4　60.0 V

解説　電圧 E、電流 I、電力 P の関係は、$P = EI$ になります. よって

$$E = \frac{P}{I} = \frac{120}{5} = \mathbf{24\ V}$$

答え▶▶▶ 2

出題傾向 この問題と同様，消費電力が 120 W で電流値が 8 A の場合の電圧を求める問題も出題されています（答えは 120 ÷ 8 = 15 V です）.

2.3 抵抗の直列接続・並列接続

2.3.1 抵抗の直列接続

図 2.3 のように抵抗を接続する方法を**直列接続**といいます．その回路の合成抵抗 R_S は，次式で表すことができます.

$$R_S = R_1 + R_2 \tag{2.7}$$

図 2.3　抵抗の直列接続

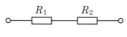

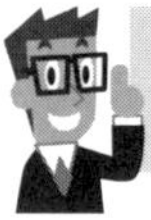

抵抗の直列接続の合成抵抗は足し算で求めます.

なお，抵抗が 3 本以上の直列接続の合成抵抗も各々の抵抗を加えれば求めることができます.

★★★ 超重要

2.3.2 抵抗の並列接続

図 2.4 のように抵抗を接続する方法を**並列接続**といいます．その回路の合成抵抗 R_P は，次式で表すことができます.

$$R_P = \frac{1}{\dfrac{1}{R_1} + \dfrac{1}{R_2}} = \frac{R_1 R_2}{R_1 + R_2} \tag{2.8}$$

図 2.4　抵抗の並列接続

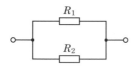

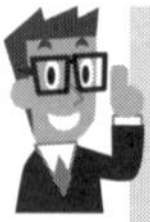

2 本の抵抗を並列接続した場合の合成抵抗は，積 / 和で求めることができます（ただし，2 本の並列のみで 3 本以上は成立しないので注意）.

関連知識 抵抗を 3 本以上接続した並列回路の合成抵抗

3 本以上の抵抗を並列に接続したときの合成抵抗は

$$\frac{1}{R_P} = \frac{1}{R_1} + \frac{1}{R_2} + \frac{1}{R_3} \cdots$$

となります.

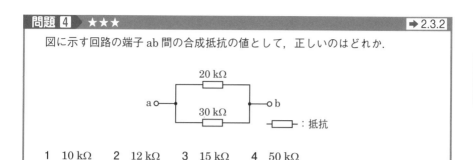

問題 4 ★★★ → 2.3.2

図に示す回路の端子 ab 間の合成抵抗の値として，正しいのはどれか．

20 kΩ

a○ b○

30 kΩ

▭：抵抗

1 10 kΩ   2 12 kΩ   3 15 kΩ   4 50 kΩ

 端子 ab 間の合成抵抗の値を R_{ab} とすると，式 (2.8) より

$$R_{ab} = \frac{20 \times 30}{20 + 30} = \frac{600}{50} = \textbf{12 kΩ}$$

答え▶▶▶ 2

 同様の問題として，「12 kΩ と 24 kΩ の並列合成抵抗（8 kΩ）」，「72 kΩ と 24 kΩ の並列合成抵抗（18 kΩ）」，「20 kΩ と 5 kΩ の並列合成抵抗（4 kΩ）」を求める問題も出題されています．

2.4 コイルとコンデンサ

2.4.1 コイル

　図 **2.5** に示すように導線を巻いたものを**コイル**（ぐるぐる巻きという意味）といいます．

■図 **2.5** コイルの例

　実際に使われているコイルには，抵抗成分やキャパシタンス成分が含まれます．それらをゼロにして理想化したものを**インダクタ L** と呼びます．比例係数 L をインダクタンスと呼び，単位には〔H〕（ヘンリー）を使用します．

　コイルに交流を加えたとき，抵抗に相当するものを**誘導リアクタンス X_L** といい

$$X_L = \omega L = 2\pi f L \ [\Omega] \tag{2.9}$$

　　　ω：角周波数，f：周波数

と表すことができます．

交流回路において，コイルのインダクタ L が大きくなればリアクタンス X_L は大きくなり，流れる電流は小さくなります．

関連知識　無線機器におけるコイルの役割

　コンデンサとコイルを組み合わせると共振回路ができ，テレビ局やラジオ局を受信する際には共振回路を使用して目的の信号を取り出すことができます．

★★
重要　**2.4.2　コンデンサ**

　コンデンサは電気を蓄えたり放出したりする電子部品で電子機器には欠かせないもので，**図 2.6** のように，2枚の導体板の間に絶縁物を挟んだものを平行平板コンデンサといいます．コンデンサには**図 2.7** のようなさまざまな種類があります．コンデンサは，抵抗やインダクタンス成分もありますが，ここでは，それらを零とし，理想化したものを**静電容量**（キャパシタ）C といいます．静電容量 C の単位には〔F〕（ファラッド）を使用します．

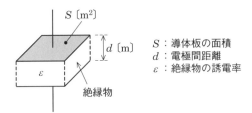

S：導体板の面積
d：電極間距離
ε：絶縁物の誘電率

■図 2.6　平行平板コンデンサ

（a）一般的なコンデンサ

（b）電解コンデンサの例

（c）チップコンデンサの例

■図2.7 さまざまなコンデンサ

コンデンサに交流電圧を加えたとき，抵抗に相当するものを**容量リアクタンス** X_C といい

$$X_C = \frac{1}{\omega C} = \frac{1}{2\pi f C} \ \text{〔}\Omega\text{〕} \tag{2.10}$$

ω：角周波数，f：周波数

と表すことができます。

> 交流回路において，コンデンサの静電容量 C が大きくなればリアクタンス X_C は小さくなり，流れる電流は大きくなります。

2.4.3 コンデンサの並列接続の合成静電容量

図2.8のように C_1 と C_2 を接続する方法を**並列接続**といいます。

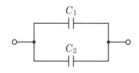

■図2.8 コンデンサの並列接続

このときの合成静電容量 C_P は次式で求めることができます。

$$C_P = C_1 + C_2 \tag{2.11}$$

なお，コンデンサが3本以上の並列接続の合成静電容量も同様にして求めることができます。

> コンデンサを並列接続した場合の合成静電容量の計算は抵抗の直列接続の計算法と同じです。

★★★ 超重要 2.4.4 コンデンサの直列接続の合成静電容量

図 **2.9** のように C_1 と C_2 を接続する方法を**直列接続**といいます.

$$C_1 \quad C_2$$

■図 **2.9** コンデンサの直列接続

このときの合成静電容量 C_S は次式で求めることができます.

$$C_S = \cfrac{1}{\cfrac{1}{C_1} + \cfrac{1}{C_2}} = \frac{C_1 C_2}{C_1 + C_2} \tag{2.12}$$

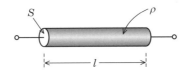
コンデンサを直列接続した場合の合成静電容量の計算は
抵抗の並列接続の計算法と同じです.

関連知識 コンデンサを 3 本以上接続した直列回路の合成静電容量

3 本以上のコンデンサを直列に接続したときの合成静電容量は

$$\frac{1}{C_S} = \frac{1}{C_1} + \frac{1}{C_2} + \frac{1}{C_3} \cdots$$

となります.

関連知識 抵抗の長さと断面積の関係

図 **2.10** のような,断面積 S〔m^2〕,長さ l〔m〕の導線の抵抗 R〔Ω〕は次式で表されます.

$$R = \rho \frac{l}{S} \tag{2.13}$$

ここで,ρ〔Ω·m〕は導線の材質によって決まる値で,抵抗率といいます.

■図 **2.10** 導線の電気抵抗

式 (2.13) より,断面積 S が大きくなるほど,抵抗 R の値は小さくなります.また,長さ l が長くなるほど,抵抗 R の値は大きくなります.

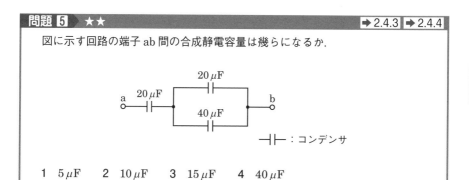

問題 **5** ★★   → 2.4.3 → 2.4.4

図に示す回路の端子 ab 間の合成静電容量は幾らになるか.

—||— ：コンデンサ

1　$5\,\mu\mathrm{F}$　　2　$10\,\mu\mathrm{F}$　　3　$15\,\mu\mathrm{F}$　　4　$40\,\mu\mathrm{F}$

解説　$20\,\mu\mathrm{F}$ と $40\,\mu\mathrm{F}$ の並列静電容量 C_P は

$$C_\mathrm{P} = 20 + 40 = 60\,\mu\mathrm{F}$$

となるので，**図2.11**（a）は図2.11（b）のようになります．端子 ab 間の合成静電容量 $C_\mathrm{ab}\,[\mu\mathrm{F}]$ は，$20\,\mu\mathrm{F}$ と $C_\mathrm{P}\,[\mu\mathrm{F}]$ の直列接続なので

$$C_\mathrm{ab} = \frac{20 \times C_\mathrm{P}}{20 + C_\mathrm{P}} = \frac{20 \times 60}{20 + 60} = \mathbf{15\,\mu F}$$

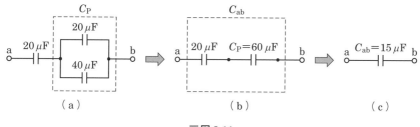

■図2.11

答え ▶▶▶ 3

問題 6 ★★★　　　　　　　　　　　　　　　　　　　➡2.4

次の記述で正しいのはどれか.
1　コイルのインダクタンスが大きくなるほど, 交流電流は流れにくくなる.
2　コンデンサの静電容量が大きくなるほど, 交流電流は流れにくくなる.
3　導線の抵抗が小さくなるほど, 交流電流は流れにくくなる.
4　導線の断面積が大きくなるほど, 交流電流は流れにくくなる.

解説

1　○　インダクタンス L〔H〕のコイルのリアクタンス X_L〔Ω〕は, 式 (2.9) より
$$X_L = \omega L = 2\pi f L \ 〔\Omega〕$$
となります. L が大きくなるとリアクタンスも大きくなるので, 電流は流れにくく (小さく) なります.

2　×　静電容量 C〔F〕のコンデンサのリアクタンス X_C〔Ω〕は, 式 (2.10) より
$$X_C = \frac{1}{\omega C} = \frac{1}{2\pi f C} \ 〔\Omega〕$$
となります. C が大きくなるとリアクタンスは小さくなるので, 電流は流れやすく (大きく) なります.

3　×　交流回路においても, オームの法則 $I = E/R$ が成り立ちます. したがって, 導線の抵抗が小さくなると, 交流電流は流れやすく (大きく) なります.

4　×　導線の断面積を S〔m²〕, 長さを l〔m〕, 抵抗率を ρ〔Ω·m〕とすると, 抵抗 R は, 式 (2.13) より
$$R = \rho \frac{l}{S} \ 〔\Omega〕$$
となります. 導線の断面積 S が大きくなるほど抵抗が小さくなるので, 交流電流は流れやすく (大きく) なります.

答え▶▶▶ 1

③章 半導体及びトランジスタ

→→→ この章から **1** 問出題

半導体とその性質，ダイオード，トランジスタ，電界効果トランジスタの動作原理などについて学びます．試験で出題されるのは，「半導体とその性質」，「トランジスタの電極名（図記号）」，「電界効果トランジスタの電極名（図記号）」などです．

3.1　半導体と半導体の性質

3 章

銅やアルミニウムなどのように電気を良く通す物質を**導体**といい，ゴムや陶器のように電気を通さない物質を**絶縁体**といいます．導体と絶縁体の中間の物質が**半導体**です．金属は温度が上昇すると電気抵抗が増加するのに対し，**半導体は温度が上昇すると電気抵抗が減少する**性質があります．

半導体で作られているものに，「ダイオード」，「トランジスタ」，「電界効果トランジスタ（FET）」，「集積回路（IC）」などがあります．

半導体は温度が上昇すると，抵抗が減少する性質があります．

問題 1 ★★★

→ 3.1

半導体を用いた電子部品の温度が上昇すると，一般にその部品に起こる変化として，正しいのは次のうちどれか．
1　半導体の抵抗が減少し，電流が減少する．
2　半導体の抵抗が減少し，電流が増加する．
3　半導体の抵抗が増加し，電流が減少する．
4　半導体の抵抗が増加し，電流が増加する．

解説　半導体は温度が上昇すると**抵抗が減少**し，その結果，**電流が増加**します．

答え ▶▶▶ 2

3.2　N 形半導体と P 形半導体

シリコンなどの 4 価（最外殻電子が 4 個）の物質に不純物として 5 価のひ素やリンなどを微量加えると電子が過剰となり **N 形半導体**になります．N 形半導体の電気伝導に寄与しているのは電子です．5 価の不純物のことをドナーといいます．

一方，シリコンに不純物として 3 価のほう素やガリウムなどを微量加えると

電子が不足し**P形半導体**になります．P形半導体の電気伝導に寄与しているのは正孔です．3価の不純物のことをアクセプタといいます．

3.3　接合ダイオード

　P形半導体とN形半導体を**図3.1**のように接合したものを**接合ダイオード**といいます．

　この接合ダイオードに**図3.2**に示す方向に電圧をかけると，電流が流れるようになります．このような電圧の加え方を**順方向接続**といいます．**図3.3**に示す方向に電圧をかけると，電流が流れなくなります．このような電圧の加え方を**逆方向接続**といいます．ダイオードの図記号は**図3.4**で表します．

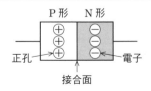

■**図3.1　接合ダイオード**

接合ダイオードは一方方向にしか電流を流さない素子です．

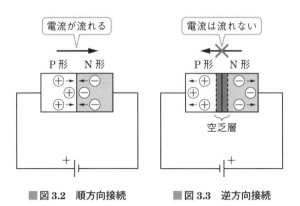

■**図3.2　順方向接続**　　■**図3.3　逆方向接続**　　■**図3.4　ダイオードの図記号**

3.4　接合形トランジスタ

★★★ 超重要┃**3.4.1　接合形トランジスタの構造と図記号**

　図3.5（a）のように，2つのP形半導体の間に薄いN形半導体を挟んだ構造のものを**PNP形トランジスタ**，図3.5（b）のように，2つのN形半導体の間に薄いP形半導体を挟んだ構造のものを**NPN形トランジスタ**といいます．この2

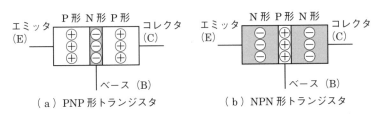

■図3.5 接合形トランジスタ

つをまとめて**接合形トランジスタ**（または単にトランジスタ）といいます．

接合形トランジスタの図記号は**図3.6**のように表します．

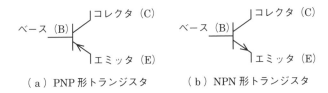

■図3.6 接合形トランジスタの図記号

3.4.2 トランジスタの動作

図3.7（a）は，NPN形トランジスタをエミッタ接地（共通）にした場合の電圧の加え方を示しています．3.3節で述べたように，**入力側は順方向に電源を接続，出力側は逆方向に電源を接続**します．このときコレクタに流れる電流I_C，エミッタに流れる電流I_E，ベースに流れる電流I_Bには，$I_E = I_C + I_B$の関係があります．

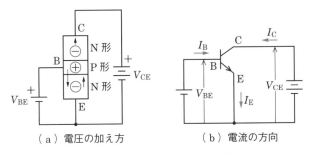

■図3.7 エミッタ接地の電源の接続方法

図3.7 (b) に示すように I_B が入力電流, I_C が出力電流になります. 一般にエミッタ接地では, $I_B \ll I_C$ となります.

問題 2 ★★★ → 3.4.1

図に示す NPN 形トランジスタの図記号において, 次に挙げた電極名の組合せのうち, 正しいのはどれか.

	①	②	③
1	ベース	コレクタ	エミッタ
2	エミッタ	コレクタ	ベース
3	ベース	エミッタ	コレクタ
4	コレクタ	ベース	エミッタ

解説 NPN 形トランジスタの図記号は, 図3.8 のようになります.

答え▶▶▶ 1

■図3.8

出題傾向 問題の②(コレクタ)や③(エミッタ)のみを問う問題も出題されています.

問題 3 ★★ → 3.4.2

次の記述の □ 内に入れるべき字句の組合せで, 正しいのはどれか.
NPN トランジスタを A 級増幅器として使用するときは, 通常, ベース・エミッタ間の PN 接合面には □ A □ 方向電圧を, コレクタ・ベース間の PN 接合面には, □ B □ 方向電圧を加える.

	A	B
1	順	順
2	逆	逆
3	逆	順
4	順	逆

解説 トランジスタで増幅器を構成する場合, 入力側は**順方向**に電圧を接続, 出力側は**逆方向**に電圧を接続します.

答え▶▶▶ 4

3.5 電界効果トランジスタ

トランジスタは入力電流を変化させることにより出力電流を大きく変化させる素子ですが，**電界効果トランジスタ**（**FET**：Field Effect Transistor，以下 FET）は入力電圧を変化させることにより出力電流を大きく変化させる素子です．FET は**図 3.9** のように N 形半導体と P 形半導体が接合されている構造で，図 3.9（a）のように電流を流す半導体が P 形であれば P チャネル FET，図 3.9（b）のように N 形半導体であれば N チャネル FET です．

図 3.9（a）において，ゲート‐ソース間電圧 V_{GS} を大きくすると，ダイオードの逆方向接続になりますので，空乏層が広がり，ドレイン‐ソース間に流れる電流が少なくなります．V_{GS} を小さくすると，空乏層が少なくなり，ドレイン‐ソース間に流れる電流が増えます．

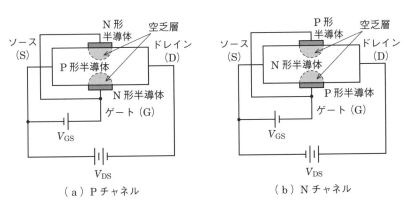

（a）P チャネル　　　　　　　（b）N チャネル

■**図 3.9　接合形電界効果トランジスタ**

電界効果トランジスタの図記号を**図 3.10** に示します．

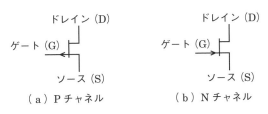

（a）P チャネル　　　　　　　（b）N チャネル

■**図 3.10　電界効果トランジスタの図記号**

電界効果トランジスタの電極には，ソース（S），ゲート（G），ドレイン（D）があります．

問題 4 ★★ ➡図3.10

図に示す電界効果トランジスタ（FET）の図記号において，次に挙げた電極名の組合せのうち，正しいのはどれか．

	①	②	③
1	ゲート	ドレイン	ソース
2	ソース	ドレイン	ゲート
3	ゲート	ソース	ドレイン
4	ドレイン	ソース	ゲート

解説 本問の図記号は P チャネルの接合形電界効果トランジスタで**図3.11**のようになります．

答え▶▶▶ 1

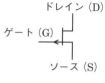

■図3.11

出題傾向 問題の①ゲートや②ドレインのみを問う問題も出題されています．

★★★ 超重要 | 3.6 | 集積回路

　トランジスタが発明される前の真空管電子回路は各部品を導線で半田付けしていましたが，トランジスタが発明された後は部品の小型化が進み，プリント基板を用いて自動半田機械を使用して一気に半田付けがなされるようになりました．

　その後，さらなる電子回路の小型化が進み，数 mm 角のシリコン基板上に，トランジスタ，電界効果トランジスタ，ダイオード，抵抗，コンデンサなどを数万個以上集積した電子回路が作られ，これを**集積回路**（IC：Integrated Circuit）といいます．回路の高速化，周波数特性や信頼性の向上により，大規模な集積回路が実用化され，スマートフォンやテレビ受像機をはじめ，電子機器，通信機器のほとんどに集積回路が使われています．

問題 5 ★★　　　　　　　　　　　　→3.6

　次の記述は，個別の部品を組み合わせた回路と比べたときの，集積回路（IC）の一般的特徴について述べたものである．誤っているのはどれか．

1　複雑な電子回路が小型化できる．
2　IC 内部の配線が短く，高周波特性の良い回路が得られる．
3　個別の部品を組み合わせた回路に比べて信頼性が高い．
4　大容量，かつ高速な信号処理回路が作れない．

解説　4　集積回路は大容量の回路に適しており，高速な信号処理回路も作成可能です．

答え▶▶▶ 4

4章 変復調方式

変調と復調には，デジタル方式とアナログ方式のさまざまな方式のものがありますが，本章ではアナログ方式の AM（A3E），SSB（J3E），FM（F3E）の変復調の原理を学びます．試験に出題されるのは，「A3E 波の上側波」，「A3E 波の占有周波数帯幅」，「A3E 波の変調度」などです．

4.1 変調と復調

　音声のような低周波数の信号波は直接遠くに伝えることはできません．そのため，信号波などの情報を遠くに伝えるために，周波数の高い搬送波に信号波を乗せて伝送します．これを**変調**といいます．変調された電波を受信しても人間の耳には聞こえませんので，受信した電波から信号波を取り出す必要があります．これを**復調**といいます．変調にはアナログ変調とデジタル変調があり，復調にもアナログ復調とデジタル復調があります．

　アナログの**振幅変調**を **AM**，**周波数変調**を **FM** といいます．なお，ラジオ放送の AM や FM は，ここでいう AM と FM のことで，変調方式の違いを示しています．

> **出題傾向** 二海特では，アナログ方式の変調と復調に関する問題のみが出題されています．

★★重要 4.2 振幅変調

　振幅変調（AM：Amplitude Modulation）は，信号波によって**搬送波の振幅を変化させる変調方式**で，中波ラジオ放送，27 MHz 帯の漁業用通信，航空管制通信などに使用されています．

　周波数 f_c〔Hz〕の搬送波を，周波数 f_s〔Hz〕の単一正弦波（歪みのない信号波のこと）の信号波で振幅変調すると，**上側波**と呼ばれる $(f_c + f_s)$〔Hz〕，**下側波**と呼ばれる $(f_c - f_s)$〔Hz〕，と**搬送波** f_c〔Hz〕の 3 つの周波数成分が発生します．**図 4.1** のように，横軸に周波数〔Hz〕，縦軸に振幅〔V〕で描いた図を周波数分布図といいます．信号波の最高周波数 f_s〔Hz〕の 2 倍の $2f_s$〔Hz〕を**占有周波数帯幅**といいます．

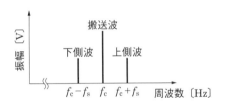

振幅変調波は，搬送波，上側波，下側波の3つから構成されています.

■図4.1 単一信号波で変調した振幅変調波の周波数分布

単一信号波の代わりに音声や音楽など多数の周波数成分を含んだ信号波で振幅変調したときの周波数分布は**図4.2**に示すようになります.

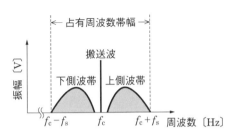

信号波の最高周波数 f_s〔Hz〕の2倍の $2f_s$〔Hz〕を占有周波数帯幅といいます.

■図4.2 音声信号で変調した振幅変調波の周波数分布

図4.2のような側波が2つある振幅変調波を**DSB**（Double Side Band）波といいます．電波法施行規則に規定する電波型式の表示は「A3E」になります.

問題1 ★★★ ➡4.2

周波数 f_c の搬送波を周波数 f_s の信号波で，振幅変調（DSB）を行ったときの占有周波数帯幅と上側波の周波数の組合せで，正しいのはどれか.

	占有周波数帯幅	上側波の周波数
1	f_s	$f_c - f_s$
2	$2f_s$	$f_c - f_s$
3	f_s	$f_c + f_s$
4	$2f_s$	$f_c + f_s$

解説 占有周波数帯幅は信号波の周波数の2倍の $\mathbf{2f_s}$ となります．また，上側波は $f_c + f_s$，下側波は $f_c - f_s$ となります.

答え▶▶▶4

4.3 単側波帯振幅変調

　図4.2でわかるように，両側波振幅変調方式（DSB）は，上側波と下側波に同じ情報があり，周波数利用の観点からすると不経済です．したがって，下側波と搬送波を取り除いて上側波だけで情報を伝送可能にしたものが**単側波帯振幅変調方式**（SSB）です．SSBで搬送波を全部取り除いたものが**図4.3**に示す**抑圧搬送波方式**のSSB（電波型式「J3E」）です．

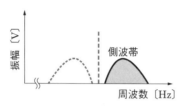

■図4.3　J3E

関連知識　全搬送波方式と低減搬送波方式

　単側波帯振幅変調方式には，抑圧搬送波方式のほかに，**図4.4**のように全搬送波方式（搬送波を全部残す）のSSB（電波型式「H3E」）と**図4.5**のように低減搬送波方式（搬送波を少なくする）のSSB（電波型式「R3E」）があります．

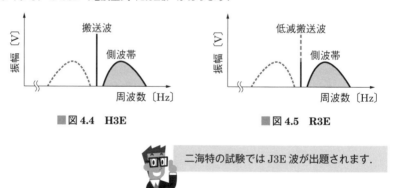

■図4.4　H3E　　　　　　　　　　　■図4.5　R3E

二海特の試験ではJ3E波が出題されます．

図は，無線電話の振幅変調波の周波数成分の分布を示したものである．これに対応する電波の型式はどれか．ただし，点線部分は，電波が出ていないものとする．

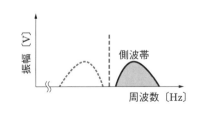

1 J3E   2 A3E   3 R3E   4 H3E

答え▶▶▶ 1

 二海特の試験で出題されるのは J3E 波のみです．

4.4 振幅変調波形と変調度

周波数 f_c の搬送波を，周波数 f_s の単一正弦波（ひずみのない波のこと）の信号波で振幅変調した波形をオシロスコープで観測すると，**図 4.6** のようになります．

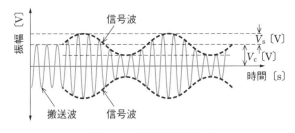

■図 4.6 振幅変調波形の例

搬送波と信号波の比を**変調度**といい，変調度 m は次式で求めることができます．

$$m = \frac{V_s}{V_c} \times 100 \ [\%] \tag{4.1}$$

ただし，V_c は搬送波の振幅（最大値），V_s は信号波の振幅（最大値）．

変調度は図 **4.7** に示す A と B の部分の電圧を測定し，次式で求めることもできます．

$$m = \frac{A - B}{A + B} \times 100 \ (\%)\tag{4.2}$$

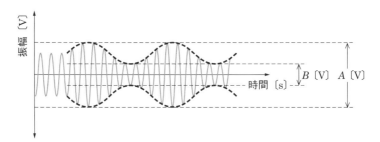

■図 **4.7**　振幅変調波形の例

図 4.6 と図 4.7 より $A = 2\,(V_c + V_s)$，$B = 2\,(V_c - V_s)$ となり，A と B を式 (4.2) に代入すると

$$\frac{A - B}{A + B} = \frac{2\,(V_c + V_s) - 2\,(V_c - V_s)}{2\,(V_c + V_s) + 2\,(V_c - V_s)} = \frac{4V_s}{4V_c} = \frac{V_s}{V_c}$$

となり，式 (4.2) は式 (4.1) と同じであることがわかります．

> 振幅変調波の変調度 m は
> $$m = \frac{\text{信号波電圧の振幅}}{\text{搬送波電圧の振幅}} \times 100 = \frac{V_s}{V_c} \times 100 \ (\%) \quad \text{または}$$
> $$m = \frac{A - B}{A + B} \times 100 \ (\%)$$
> で計算します．

関連知識　周波数変調

　周波数変調（FM：Frequency Modulation）は，音声や音楽などの信号波の振幅の変化分を図 **4.8** のように搬送波の周波数の変化に変換させる方式です．振幅変調の変調度に対応するのは，周波数変調では変調指数といいます．

　FM 波の発生方法には，直接 FM 方式と間接 FM 方式があります．

　直接 FM 方式は，可変容量ダイオードなどを使うことにより，信号波で自励発振器の発振周波数を直接変化させる方式ですが，周波数安定度が良くありません．

　間接 FM 方式は，搬送波の位相を信号波で変化させる方法で，周波数安定度の高い水晶発振器を使用できます．

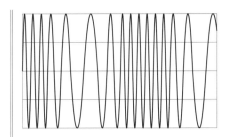

■図4.8 周波数変調波

周波数変調波は信号波の振幅の変化を搬送波の周波数の変化に変換します.

ラジオのFM放送で音楽番組が多いのは,周波数変調（FM）は混信や雑音に強く,音質が良いためです.

問題 3 ★★　　　　　　　　　　➡4.4

図は,単一正弦波で振幅変調した波形をオシロスコープで測定したものである.変調度はいくらか.

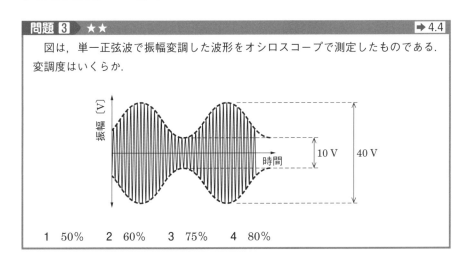

1　50%　　2　60%　　3　75%　　4　80%

解説 式（4.2）より,変調度 m は

$$m = \frac{40-10}{40+10} \times 100 = \frac{30}{50} \times 100 = \mathbf{60\%}$$

答え▶▶▶ 2

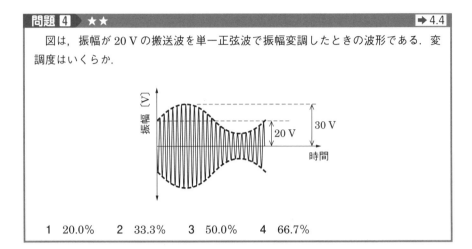

→4.4

問題 4 ★★

　図は，振幅が 20 V の搬送波を単一正弦波で振幅変調したときの波形である．変調度はいくらか．

1　20.0%　　2　33.3%　　3　50.0%　　4　66.7%

解説 図 4.6 と問題の図より，搬送波の振幅 $V_c = 20$ V，信号波の振幅 $V_s = 30 - 20 = 10$ V なので，式（4.1）より，変調度 m は

$$m = \frac{V_s}{V_c} \times 100 = \frac{10}{20} \times 100 = \mathbf{50\%}$$

答え▶▶▶ 3

（別解）

　問題の図から図 4.7 の A と B の電圧を求めると，**図 4.9** に示すようになります．

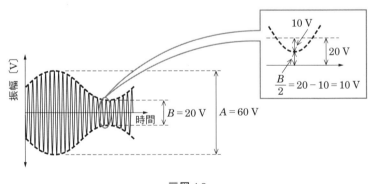

■図 4.9

　問題 3 と同様，式（4.2）を用いて解くと，変調度 m は

$$m = \frac{A - B}{A + B} \times 100 = \frac{60 - 20}{60 + 20} \times 100 - \frac{40}{80} \times 100 = \mathbf{50\%}$$

➡ 4.4

問題 5 ★★

図は，振幅が 120 V の搬送波とそれを単一正弦波で振幅変調した波形をオシロスコープで測定したものである．変調度が 70 % のとき，A の値はいくらになるか．

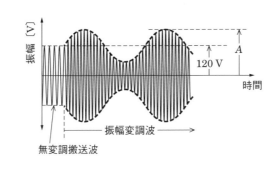

1 84 V   2 102 V   3 168 V   4 204 V

解説 問題の図より，搬送波の振幅 $V_c = 120$ V，信号波の振幅 $V_s = (A - 120)$ V，変調度 $m = 70$ % であるので，式 (4.1) より次式が成り立ちます．

$$70 = \frac{A - 120}{120} \times 100$$

$$70 \times 120 = (A - 120) \times 100$$

$$7 \times 12 = A - 120$$

$$A = 84 + 120 = \mathbf{204\ V}$$

答え▶▶▶ 4

本章では AM（A3E）送受信機，SSB（J3E）送受信機，FM（F3E）送受信機の構成
と各部の動作及び送受信機の取扱いについて学びます．試験に出題されるのは，「アン
テナから放射される電波の周波数を決定する段の組合せ」，「A 級増幅器，B 級増幅器の
特徴」，「周波数シンセサイザの構成例」，「AM（A3E）送信機の構成」，「SSB（J3E）
波の発生」，「SSB（J3E）送信機の構成」，「FM（F3E）送信機の構成」，「受信機の性能」，
「AGC 回路の動作」，「SSB（J3E）受信機の構成」，「クラリファイア」，「FM（F3E）
受信機の構成」，「無線送受信機の制御器の動作」などです．

★★★
超重要

5.1　AM（A3E）送信機

　AM（A3E）送信機は，音声などの信号波で搬送波の振幅を変調した信号を送
信する通信機器です．送信機には「周波数の安定度が高いこと」「占有周波数帯
幅が規定値内であること」「不要輻射が少ないこと」などが要求されます．

　AM（A3E）送信機は，**図 5.1** に示すように「水晶発振器」，「緩衝増幅器」，「周
波数逓倍器」，「電力増幅器」，「変調器」などから構成されます．各回路の動作を
簡単に説明します．

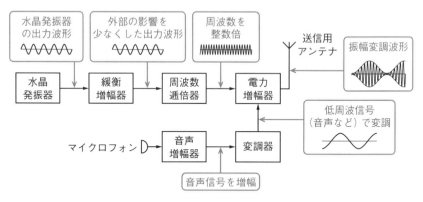

■図 5.1　AM（A3E）送信機の構成例

　水晶発振器：搬送波のもとになる信号を発生させる回路です．送信周波数の
整数分の 1 の安定した周波数を発生させます．
　緩衝増幅器：周波数逓倍器や電力増幅器などの影響を受けないようにして，
発振周波数の安定をはかります．

周波数逓倍器：発射する電波の周波数が目的の周波数になるよう整数倍にします．なお，周波数逓倍器は数段必要になることもあります．

「逓倍」とは周波数を高くすることを意味し，周波数を2倍にすることを2逓倍，3倍にすることを3逓倍のようにいいます．

電力増幅器：所定の高周波電力が得られるように増幅します．

図5.1において，周波数逓倍器と電力増幅器の間に励振増幅器が入ることもあります．励振増幅器は電力増幅器で所定の電力を十分に得るために励振電力を加えるためのものです．

変調器：音声増幅器で増幅した音声を電波に乗せます．

関連知識　A級，B級，C級増幅器

増幅器には表5.1のようにA級増幅器，B級増幅器，C級増幅器があります．

■表5.1　増幅器の特徴と用途

増幅器の種類	特徴	用途
A級増幅器	入力信号がないときも出力電流が流れるため**効率が悪いがひずみは少ない**．	送信機の緩衝増幅器，受信機の高周波増幅器，中間周波増幅器，低周波増幅器など
B級増幅器	入力信号が正の半サイクルのときだけ出力電流が流れるようにした回路で**効率は良いがひずみは多い**．	プッシュプル増幅器，同調増幅器など
C級増幅器	入力信号が正の半サイクルの一部のときだけ出力電流が流れるようにした回路でB級増幅器よりさらに効率が良いがひずみは大変多くなる．同調回路を用いて出力を取り出す．	送信機の周波数逓倍器，電力増幅器など

図5.1のAM（A3E）送信機では水晶発振器が用いられていますが，多くのチャネルで送信する必要のある27 MHz帯の漁業通信で使われている送信機などでは，**図5.2**で示すようなPLL（Phase Locked Loop）回路を使用した周波数シンセサイザ（合成）方式の発振器が用いられています．

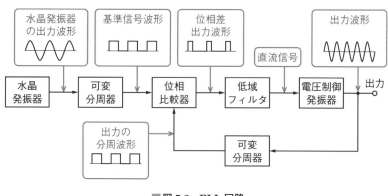

■**図 5.2　PLL 回路**

　PLL 回路は，周波数確度及び安定度の高い水晶発振器，位相比較器，低域フィルタ，電圧制御発振器，可変分周器から構成されます．周波数シンセサイザ方式の発振器は PLL 回路や周波数混合器と組み合わせることにより，安定度の高い任意の周波数を発生できます．

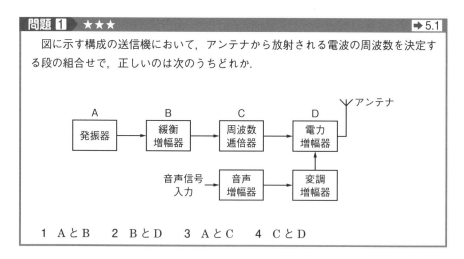

問題 1　★★★　➡5.1

　図に示す構成の送信機において，アンテナから放射される電波の周波数を決定する段の組合せで，正しいのは次のうちどれか．

　1　Ａと Ｂ　　2　Ｂと Ｄ　　3　Ａと Ｃ　　4　Ｃと Ｄ

解説　アンテナから放射される電波の周波数を決定するのは Ａ の発振器の発振周波数と Ｃ の周波数逓倍器の逓倍数です．

答え▶▶▶ 3

問題 2 ★ → 5.1

B 級増幅と比べたときの A 級増幅の特徴の組合せで，正しいのは次のうちどれか．

	ひずみ	効率
1	多い	良い
2	多い	悪い
3	少ない	良い
4	少ない	悪い

解説 A 級増幅器は入力信号がないときでも出力に電流が流れるため，効率は**悪い**ですが，ひずみの**少ない**増幅器です．

答え▶▶▶ 4

5 章

出題傾向 問題文の B 級と A 級を逆にして，B 級増幅器の特徴を選ぶ問題（ひずみは多いが，効率は良い）も出題されています．

問題 3 ★★★ → 5.1

図は，周波数シンセサイザの構成例を示したものである． ☐ 内に入れるべき名称の組合せで，正しいのは次のうちどれか．

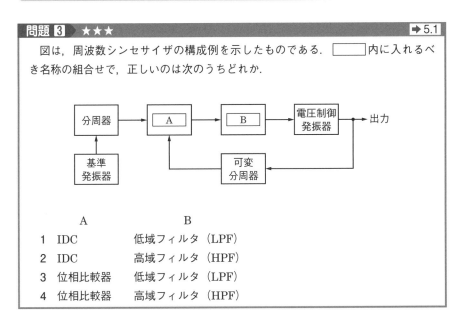

	A	B
1	IDC	低域フィルタ（LPF）
2	IDC	高域フィルタ（HPF）
3	位相比較器	低域フィルタ（LPF）
4	位相比較器	高域フィルタ（HPF）

答え▶▶▶ 3

出題傾向 選択肢 A の IDC が「振幅制限器」になる問題も出題されています．

5.2 SSB（J3E）送信機

SSB（J3E）送信機の構成例のブロック図を**図 5.3** に示します.

「平衡変調器」「帯域フィルタ」「局部発振器」「励振増幅器」「電力増幅器」などから構成されます.

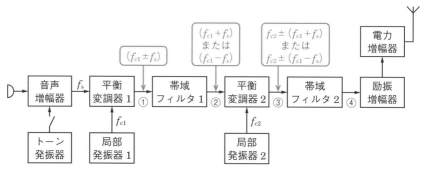

■**図 5.3　SSB（J3E）送信機の構成例**

各部の働きは次のとおりです.

平衡変調器 1 ：音声信号 f_s と搬送波である局部発振器 1 の信号 f_{c1} を加えると，搬送波が抑圧されて，上側波 $(f_{c1} + f_s)$ と下側波 $(f_{c1} - f_s)$ が出力されます（図 5.3 の①）.

局部発振器 1 ：搬送波 f_{c1} を発生する発振器です.

帯域フィルタ 1 ：平衡変調器から出力された上側波と下側波のうち，いずれか一方を通過させます（図 5.3 の②）.

平衡変調器 2 ：帯域フィルタ 1 の出力が $(f_{c1} + f_s)$ の場合は，$\{f_{c2} + (f_{c1} + f_s)\}$ と $\{f_{c2} - (f_{c1} + f_s)\}$ が出力され，$(f_{c1} - f_s)$ の場合は，$\{f_{c2} + (f_{c1} - f_s)\}$ と $\{f_{c2} - (f_{c1} - f_s)\}$ が出力されます（図 5.3 の③）. これらの出力のスペクトルの状態を**図 5.4** に示します.

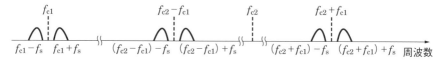

■**図 5.4　平衡変調器 2 の出力のスペクトル**

$\boxed{\text{帯域フィルタ2}}$：平衡変調器2からの出力のうち希望の周波数を通過させます（図5.3の④）.

$\boxed{\text{励振増幅器}}$：電力増幅器を動作させるのに十分な電力まで増幅させる回路です.

$\boxed{\text{電力増幅器}}$：所定の高周波電力が得られるように増幅します.

$\boxed{\text{トーン発振器}}$：J3E電波は音声信号がある場合だけ電波を発射します. 送信機の試験時に音声信号の代わりに使用します.

SSB（J3E）送信機の特徴的な回路は平衡変調器です. 音声信号 f_s〔Hz〕と搬送波信号 f_c〔Hz〕を平衡変調器に加えると，搬送波 f_c が抑圧され，$(f_c + f_s)$〔Hz〕の上側波と $(f_c - f_s)$〔Hz〕の下側波が出力されます.

5章

問題 4 ★★　　　　　　　　　　　　　　　　　　　→ 5.2

SSB送信機とDSB送信機のそれぞれの構成各部を比べたとき，その動作が著しく異なっているのは，次のうちどれか.

1　発振部　　2　変調部　　3　緩衝増幅部　　4　励振増幅部

$\boxed{\text{解説}}$　SSB送信機にしかないのが平衡変調器で，**変調部**にあります.

答え▶▶▶ 2

問題 5 ★★　　　　　　　　　　　　　　　　　　　→ 5.2

図は，SSB（J3E）波を発生させるための回路構成例である. 信号波及び搬送波の周波数がそれぞれ，f_s 及び f_c であるとき，出力に現れる周波数成分は，次のうちどれか.

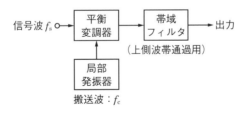

1　$f_c - f_s$　　2　$f_c + f_s$　　3　$f_c \pm f_s$　　4　$f_c + 2f_c$

解説 信号波 f_s と搬送波 f_c を平衡変調器に加えると，搬送波が抑圧され，上側波 f_c $+ f_s$ と下側波 $f_c - f_s$ が出力されます．設問の回路は上側波通過用の帯域フィルタが接続されていますので，出力は $f_c + f_s$ になります．

答え▶▶▶ 2

問題 6 ★★　　　　　　　　　　　　　　　　　　　　　　　　 ➡ 5.2

　図は，SSB（J3E）送信機の原理的な構成例を示したものである．空欄の部分の名称の組合せで正しいのはどれか.

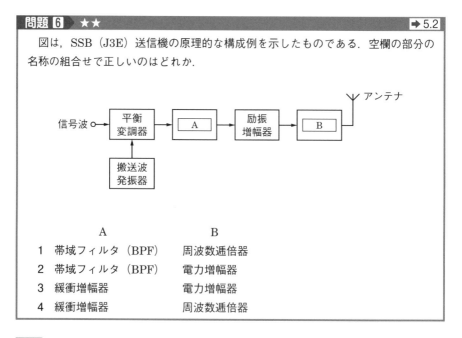

　　　　　　　　A　　　　　　　　　　　B
1　帯域フィルタ（BPF）　　周波数逓倍器
2　帯域フィルタ（BPF）　　電力増幅器
3　緩衝増幅器　　　　　　　電力増幅器
4　緩衝増幅器　　　　　　　周波数逓倍器

解説 A の回路は，平衡変調器から出力される上側波と下側波のどちらかを通過させる**帯域フィルタ（BPF）**です．アンテナに一番近い B の回路は**電力増幅器**です．

答え▶▶▶ 2

出題傾向 問題の図の平衡変調器の部分を穴埋めにした問題も出題されています.

5.3 FM（F3E）送信機

FM（F3E）送信機は，音声などの信号波で搬送波の周波数を変化させる通信機器です．FM（F3E）送信機の構成例をブロック図で示したものを**図5.5**に示します．150 MHz帯の国際VHFはFM（F3E）です．

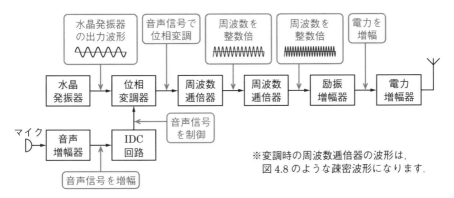

■図5.5 FM（F3E）送信機の構成例

各部の働きは次のとおりです．

水晶発振器：搬送波のもとになる信号を発生する回路（発振回路）です．送信周波数の整数分の1の安定した周波数を発生させます．

位相変調器：音声信号で位相変調を行います．

周波数逓倍器：水晶発振回路で発生した周波数をさらに周波数の高い所定の送信周波数にする回路です．また，所定の周波数偏移が得られるようにする役目もあります．送信周波数が高い場合には段数が多くなります．

励振増幅器：電力増幅器を動作させるのに十分な電力まで増幅させる回路です．

電力増幅器：所定の高周波電力が得られるように増幅する回路です．

音声増幅器：マイクロフォンからの音声信号を増幅する回路です．

IDC（Instantaneous Deviation Control）回路：大きな音声信号が加わっても最大周波数偏移が所定の値からはみ出さないように制御する回路です．

図5.5のFM（F3E）送信機は間接FM方式の送信機ですが，水晶発振器の代わりに自励発振器を使用した簡易な直接FM方式や**図5.6**のような周波数シンセサイザを使用した直接FM方式の送信機もあります．

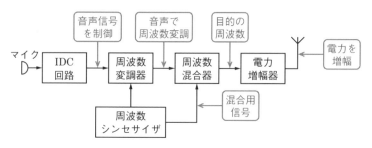

■図 5.6　直接 FM（F3E）の送信機の構成例

　FM（F3E）送信機に使用されている特徴的な回路は「位相変調器」，「周波数逓倍器」，「IDC 回路」です．

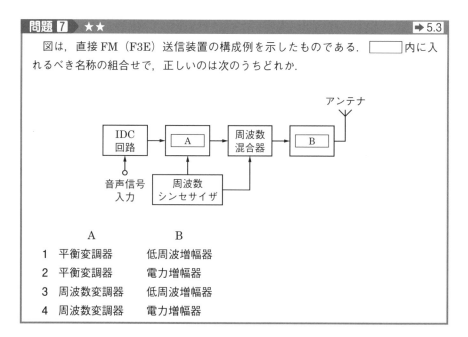

問題 7 ★★　→5.3

　図は，直接 FM（F3E）送信装置の構成例を示したものである．　　　内に入れるべき名称の組合せで，正しいのは次のうちどれか．

	A	B
1	平衡変調器	低周波増幅器
2	平衡変調器	電力増幅器
3	周波数変調器	低周波増幅器
4	周波数変調器	電力増幅器

答え▶▶▶4

→ 5.3

問題 8 ★

FM（F3E）送信機において，大きな音声信号が加わっても一定の周波数偏移内に収めるためには，次のうちどれを用いればよいか．

1 IDC 回路　　2 AGC 回路　　3 音声増幅器　　4 緩衝増幅器

解説 IDC（Instantaneous Deviation Control）回路は，大きな音声信号が加わっても最大周波数偏移を規定値に収めるための回路です．

答え▶▶▶ 1

5.4 受信機の働き

受信機はアンテナから入力された微弱な信号を増幅し復調する通信機器です．受信機の性能は，「感度」，「選択度」，「忠実度」，「安定度」，「内部雑音」，「不要輻射」などで表すことができます．それぞれの意味することは次のとおりです．

感度は，**電波の受信能力**を表し，どの程度の入力電圧を与えれば所定の出力が得られるかを示します．

選択度は，多くの異なる周波数の電波の中から，**混信を受けないで目的とする電波を選びだすことができる能力**をいいます．

忠実度は，**受信すべき信号が受信機の出力側でどの程度まで忠実に再現できるかの能力**を示します．

安定度は，周波数及び強さが一定の電波を受信したとき，**再調整をすることなく，どれだけ長時間にわたって，一定の出力が得られるかの能力**をいい，局部発振器の周波数安定度に依存します．

内部雑音とは，受信機の内部で発生する雑音をいいます．

不要輻射とは，局部発振器などの受信機内部で発生する信号が外部に漏れることをいいます．

問題 9 ★★★　　　　　　　　　　　　　　　　　　　　→5.4

受信機の性能についての記述で，正しいのはどれか．

1　感度は，どれだけ強い電波まで受信できるかの能力を表す．

2　忠実度は，受信すべき信号が受信機の入力側で，どれだけ忠実に再現できるかの能力を表す．

3　選択度は，多数の異なる周波数の電波の中から，混信を受けないで，目的とする電波を選びだすことができるかの能力を表す．

4　安定度は，周波数及び強さが一定の電波を受信したとき，再調整をすることによって，どれだけ長時間にわたって，一定の出力が得られるかの能力を表す．

解説　1　×　「**強い電波**」ではなく，正しくは「**弱い電波**」です．

2　×　「**入力側**」ではなく，正しくは「**出力側**」です．

4　×「再調整を**することによって**」ではなく，正しくは「再調整を**することなく**」です．

答え▶▶▶ 3

問題 10 ★★★　　　　　　　　　　　　　　　　　　　　→5.4

次の記述は，受信機の性能のうち何について述べたものか．

多数の異なる周波数の電波の中から，混信を受けないで，目的とする電波を選びだすことができる能力を表す．

1　感度　　2　安定度　　3　選択度　　4　忠実度

答え▶▶▶ 3

問題 11 ★★★　　　　　　　　　　　　　　　　　　　　→5.4

次の記述は，受信機の性能のうち何について述べたものか．

周波数及び強さが一定の電波を受信しているとき，受信機の再調整を行わず，長時間にわたって一定の出力を得ることができる能力を表す．

1　感度　　2　安定度　　3　選択度　　4　忠実度

答え▶▶▶ 2

5.5 AM（A3E）受信機

★要 5.5 **AM（A3E）受信機**

AM（A3E）用スーパヘテロダイン受信機の構成例を**図5.7**に示します.

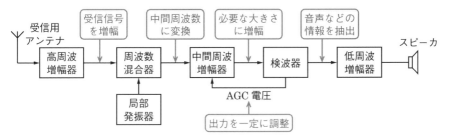

■**図5.7 AM用スーパヘテロダイン受信機の構成**

各部の働きは次のとおりです.

高周波増幅器：アンテナで捉えた微弱な信号を増幅する回路です. この回路の良し悪しが受信感度を左右します.

周波数混合器：受信信号と局部発振器の周波数を混合して周波数が一定の中間周波数を作ります.

局部発振器：中間周波数を発生させるために使用する発振器です. 高い周波数安定度が要求されるため，PLL回路が使われることが多くなっています.

最近の受信機の局部発振器はシンセサイザ方式の発振器が用いられています.

中間周波増幅器：中間周波数を必要な大きさの電圧まで増幅すると同時に選択度を向上させる役目があります.

検波器：振幅変調された電波から音声を取り出します.

低周波増幅器：スピーカを駆動できるまで音声信号を増幅します.

AGC（Automatic Gain Control）回路：受信電波の強さが変動しても受信出力が一定になるようにする回路です. 検波電圧の一部を中間周波増幅器に戻すことにより増幅度の調節を自動で行います.

受信機の性能は「感度」，「選択度」，「忠実度」，「安定度」，「内部雑音」，「不要輻射」などで表します.

5章

問題 12 ★★★　　　　　　　　　　　　　　　　　　　→ 5.5

　スーパヘテロダイン受信機の AGC の働きについての記述で，正しいのは次のうちどれか．

1　選択度を良くし，近接周波数の混信を除去する．

2　受信電波が無くなったときに生ずる大きな雑音を消す．

3　受信周波数を中間周波数に変換する．

4　受信電波の強さが変動しても，受信出力をほぼ一定にする．

解説　1　×　中間周波増幅器の説明です．

2　×　スケルチ回路の説明です．

3　×　周波数変換器の説明です．

答え▶▶▶ 4

出題傾向　選択肢が「変調に用いられた音声信号を取り出す．」になる問題もあります（これは検波回路の説明です）．

★★★ 超重要　5.6　SSB（J3E）受信機

　SSB（J3E）受信機は AM（A3E）受信機同様アンテナで捉えた微弱な信号を増幅して情報を取り出す通信機器です．

　SSB（J3E）受信機の構成例のブロック図を**図 5.8** に示します．

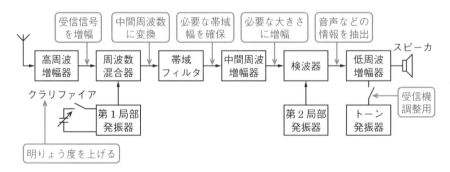

■図 5.8　SSB（J3E）受信機の構成

高周波増幅器，周波数混合器，中間周波増幅器，低周波増幅器の働きは A3E 受信機と同じですので省略します．その他の回路の働きは次のとおりです．

帯域フィルタ：A3E 受信機と比較して J3E 受信機は占有周波数帯幅が半分になるため，通過帯幅の狭い帯域フィルタを挿入します．

検波器及び第 2 局部発振器：J3E 電波は搬送波が抑圧されているので AM 用検波器では復調（検波）できません．したがって，第 2 局部発振器で搬送波成分を加えて復調します．

トーン発振器：送信側でトーン発振器を ON にして 1 500 Hz の信号を送信してもらい，受信側でトーン発振器を ON とするとうなりが発生します．クラリファイアを調節してうなりがなくなるようにすると送受信間の同期がとれます．

クラリファイア：受信周波数がずれ，音声がひずんで聞きにくいときに第 1 局部発振器の周波数を少しずらすことにより明りょう度を良くする回路です．

> SSB 受信機で使用される特徴的な回路は，復調（検波）用の局部発振器及びクラリファイア回路です．

関連知識　スーパヘテロダイン受信方式

　スーパヘテロダイン受信方式の長所は，感度や選択度などが良いことです．短所は影像周波数（イメージ周波数）妨害を受けることや周波数変換雑音が多いことなどがあります．

　そこで，実際の通信用の受信機は図 5.9 に示すような周波数混合器（周波数変換器）を二つ有するダブルスーパヘテロダイン受信機や三つ有するトリプルスーパヘテロダイン受信機が用いられています．

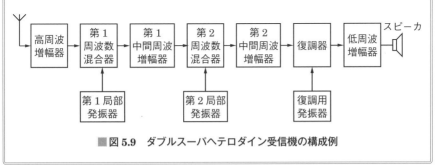

■図 5.9　ダブルスーパヘテロダイン受信機の構成例

問題 13 ★★ ➡5.6

SSB（J3E）受信機において，クラリファイアを設ける目的はどれか.
1　受信周波数目盛を校正する.
2　受信雑音を軽減する.
3　受信強度の変動を防止する.
4　受信周波数がずれ，音声がひずんで聞きにくいとき，明りょう度を良くする.

解説　クラリファイアは，**受信周波数がずれ，音声がひずんで聞きにくいとき**に第1局部発振器の周波数を少しずらすことにより**明りょう度を良くする回路**です.

答え▶▶▶ 4

問題 14 ★ ➡5.6

次の記述の　　　内に入れるべき字句の組合せで，正しいのはどれか.
SSB（J3E）送受信機において，受信周波数がずれて受信音がひずむときは，
　A　つまみを回し，最も　B　の良い状態にする.

	A	B
1	クラリファイア	感度
2	クラリファイア	明りょう度
3	感度調整	感度
4	感度調整	明りょう度

解説　**クラリファイア**は受信機の局部発振器の周波数を微調整することにより，復調出力の**明りょう度**を良くする回路です.　　　　答え▶▶▶ 2

問題 15 ★★ ➡5.6

SSB（J3E）受信機において，SSB変調波から音声信号を得るために，図の空欄の部分に設けるのは，次のうちどれか.
1　中間周波増幅器
2　検波器
3　帯域フィルタ（BPF）
4　クラリファイア

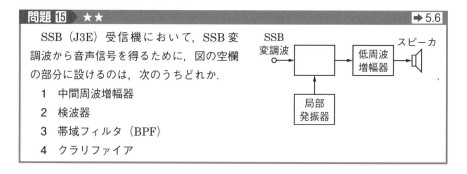

答え▶▶▶ 2

5.7 FM（F3E）受信機

FM（F3E）受信機の構成例のブロック図を**図5.10**に示します。

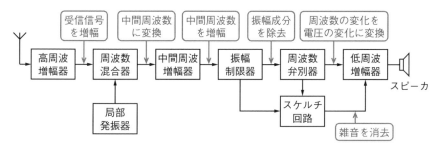

■図5.10　FM受信機の構成例

FM（F3E）受信機の各部の動作を簡単に説明します。

高周波増幅器：アンテナで捉えた微弱信号を同調回路（共振回路）で目的の周波数を選択して増幅します。

局部発振器：中間周波数を発生させるために使用する発振器です。高い周波数安定度が要求されるため、PLL回路が使われることが多くなっています。

周波数混合器：受信する電波の周波数と局部発振器の周波数を混合して、周波数が一定の中間周波数に変換する回路です。

中間周波増幅器：一定の中間周波数になった信号を増幅する回路です。この回路で近接周波数選択度を高めることができます。

振幅制限器：受信電波の中に含まれる振幅成分を除去する回路です。

周波数弁別器：復調器で、AMの検波器に相当する回路です。周波数の変化を電圧の変化にする回路です。

スケルチ回路：受信するFM電波の信号が弱い場合、低周波増幅器から出力される大きな雑音を消すための回路です。なお、スケルチは「黙らせる」という意味です。

低周波増幅器：スピーカを動作させるのに十分な電圧まで増幅する回路です。

FM受信機の特徴的な回路は、「振幅制限器」、「周波数弁別器」、「スケルチ回路」です。

問題 **16** ★★　　　　　　　　　　　　　　　　　　　　　→5.7

次の記述の　　　内に入れるべき字句の組合せで，正しいのはどれか.

無線電話装置において，受信電波の中から音声信号を取り出すことを　A　という. FM（F3E）電波の場合，この役目をするのは　B　である.

	A	B
1	復調	周波数弁別器
2	復調	2乗検波器
3	変調	周波数弁別器
4	変調	2乗検波器

解説　受信電波の中から音声信号を取り出すことを**復調**といい，FM（F3E）電波の復調器のことを**周波数弁別器**と呼びます. なお，2乗検波器はAM（A3E）電波の復調器に用います.

答え▶▶▶ 1

問題 **17** ★★　　　　　　　　　　　　　　　　　　　　　→5.7

図は，FM（F3E）受信機の構成の一部を示したものである. 空欄の部分の名称の組合せで，正しいのは次のうちどれか.

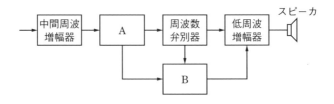

	A	B
1	振幅制限器	AGC回路
2	周波数変換器	スケルチ回路
3	周波数変換器	AGC回路
4	振幅制限器	スケルチ回路

解説　Aの**振幅制限器**で振幅成分を除去し，Bの**スケルチ回路**で雑音を消去します.

答え▶▶▶ 4

5.8 無線送受信機の取扱い

　船舶に設備する無線送受信機に直接送話器（マイクロフォン）や受話器（ヘッドフォンやスピーカ）などを接続する場合もありますが，**複数の場所で送受信機を操作するような場合は制御器（コントロールパネル）と呼ばれる装置を使用することにより送受信機から離れた場所から無線設備を遠隔操作することができます**．図 **5.11** に示すように，送受信機には交流電源，直流電源，アンテナなど必要なものを接続します．加えてハンドセットと呼ばれる送受話器や送受信機を動作させるスイッチなどを装備した制御器を接続すれば，送受信機と制御器が離れていても，制御器だけですべての通信操作が可能です．

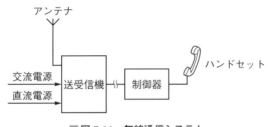

■図 **5.11** 無線通信システム

　SSB（J3E）送信機は送話中のみ電波が発射されます．**送話中電波が発射されているかどうかを知るには，送話音の強弱に比例して高周波出力メータが振れるかどうかを確認**します．

問題 18 ★★★ →5.8

無線送受信機の制御器（コントロールパネル）は，どのような目的で使用されるか．
1　送受信機周辺の電気的雑音による障害を避けるため．
2　電源電圧の変動を避けるため．
3　送信と受信の切替えを容易に行うため．
4　送受信機を離れたところから操作するため．

解説 制御器は**送受信機を離れたところから操作するために**使用されます．たとえば，自動車（タクシーやパトカーなど）の場合は，無線通信装置本体はトランクルームに置き，制御器のみを運転席近くに置いています．

答え ▶▶▶ 4

問題 19 ★★　　　　　　　　　　　　　　　　　→5.8 →10.2

DSB（A3E）送受信機において，送信操作に必要なのは，次のうちどれか．

1　プレストークボタン
2　スケルチ調整つまみ
3　音量調整つまみ
4　感度調整つまみ

解説 送信時は，**プレストークボタン**を押しながら送信します．DSB 送受信機については 10.2 節を参照してください．

答え ▶▶▶ 1

問題 20 ★★★　　　　　　　　　　　　　　　　→5.8

次の記述の 　　　 内に入れるべき字句の組合せで，正しいのはどれか．
SSB（J3E）送受信機において，受信周波数がずれて受信音がひずむときは，　A　 つまみを回し，最も　B　の良い状態にする．調整が困難な場合は，相手局からトーン信号を送出してもらい，自局の　C　を「受信」として，両者のビートを取り調整する．

	A	B	C
1	クラリファイア	明りょう度	トーンスイッチ
2	クラリファイア	感度	AGC スイッチ
3	感度調整	感度	トーンスイッチ
4	感度調整	明りょう度	AGC スイッチ

解説 SSB 受信機の調整が困難な場合は，送信側でトーン信号を送出してもらい，受信側でトーン発振器を ON とし，うなりがなくなるように調整します（図5.8を参照）．

答え ▶▶▶ 1

問題 21 ★★★　　　　　　　　　　　　　　　　　　→5.8

　SSB（J3E）送受信機において，送話中電波が発射されているかどうかを知る方法で，正しいのはどれか．

1　送話音の強弱にしたがって，「出力」に切り替えたメータが振れるかを確認する．

2　送話音の強弱にしたがって，電源表示灯が明滅するかを確認する．

3　送話音の強弱にしたがって，「電源」に切り替えたメータが振れるかを確認する．

4　送話音の強弱にしたがって，受信音が変化するかを確認する．

解説　SSB（J3E）送信機は送話音の強さに比例して電波が出力されます（出力メータが振れます）．

答え▶▶▶ 1

5
章

6章 レーダー及び航行支援無線機器

この章から **2〜3** 問出題

パルスレーダーを使用した距離測定の原理，レーダー方程式，最大探知距離，最小探知距離，距離分解能，方位分解能などレーダーの性能について学びます．試験に出題されるのは「パルスレーダーの原理」，「最大探知距離」，「最小探知距離」，「距離分解能」，「方位分解能」，「レーダーの偽像と干渉画像」，「STC 回路」，「FTC 回路」，「GPS」，「AIS」などです．

6.1 レーダーとは

重要 ★★

レーダー（RADAR：RAdio Detection And Ranging）は，電波を目標に向けて発射し，その反射波を受信することにより，**目標の存在，距離，方向などを知ることのできる装置**です．**金属は電波をよく反射するので，海上の船舶などを探知するのに適しています**．レーダーは，送信機，受信機，アンテナ，距離及び方位などを指示する指示装置などから構成されています．このようなレーダーを一次レーダーといいます．

これに対して，質問信号を送信し，応答信号を受信して情報を得るレーダーを二次レーダーといい，航空管制用レーダーなどがあります．

レーダーには，パルス波を使用するパルスレーダー，持続波を使用する CW レーダーなどがあります．CW レーダーは，ドプラ効果を利用しているので，ドプラレーダーとも呼ばれ，車などの移動物体の速度を測定できます．

6.2 パルスレーダー

6.2.1 パルスの名称

パルスレーダーからは**図 6.1** のような電波が発射されています．P_t はせん頭電力〔W〕，T はパルスの繰返し周期〔s〕，τ はパルス幅〔s〕を表します．

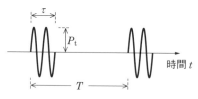

■図 6.1　パルスレーダーの波形

6.2.2 パルスレーダーによる距離の測定

図 **6.2** に示すように，パルスレーダーはマイクロ波帯の電波を指向性の鋭い回転アンテナから目標物に向けて放射し，目標からの反射波を受信することにより，目標までの距離や方位を探知します．

送信パルス波と反射パルス波の時間差 t 〔s〕を測定することにより距離 d 〔m〕を $d = ct/2$ で求めることができます（ただし，c は電波の速度）．

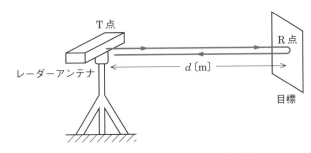

T点

R点

レーダーアンテナ

d〔m〕

目標

■図 **6.2** パルスレーダーによる距離の測定

6章

レーダーの受信機は微弱な信号を受信するため内部雑音の少ない受信機が必要です．

関連知識 **レーダー方程式**

レーダーで使用する電波の波長を λ 〔m〕，目標までの距離を d 〔m〕，送信電力を P_t 〔W〕，アンテナ利得を G，アンテナの実効面積を A_e 〔m²〕，目標の実効反射面積を σ 〔m²〕とすると，$G = 4\pi A_e/\lambda^2$ ですので，受信電力 P_r 〔W〕は次式で表すことができます．

$$P_r = \frac{A_e \sigma G P_t}{(4\pi d^2)^2} = \frac{\sigma G^2 \lambda^2 P_t}{(4\pi)^3 d^4} \ \text{〔W〕} \tag{6.1}$$

式 (6.1) をレーダー方程式といいます．式 (6.1) より探知距離 d は次のようになります．

$$d = \sqrt[4]{\frac{\sigma G^2 \lambda^2 P_t}{(4\pi)^3 P_r}} \ \text{〔m〕} \tag{6.2}$$

式 (6.2) は，探知距離は送信電力の四乗根に比例することを示しています．

すなわち，探知距離を 2 倍にするには送信電力を 16 倍にする必要があることを示しています．

6.2.3 パルスレーダーの性能

重要

パルスレーダーの性能には次に示すものがあります．

（1）最大探知距離

目標を探知できる最大の距離のことです．探知距離を大きくするには次の方法があります（6.2 節の関連知識（レーダー方程式）も参照）．

① アンテナの利得 G を大きくする

② 波長 λ を長くする（ただし，波長を長くするとアンテナが大きくなるので自ずから限界がある）

③ 送信電力 P_t を大きくする（パルス幅を広くし，繰返し周波数を低くする）

④ レーダー受信機で受信できる最小受信電力 P_r を小さくする（そのためには受信機の感度を良くし，受信機の内部雑音を小さくする必要がある）

> 式（6.2）において，分母の値を小さくまたは分子の値を大きくすれば，探知距離 d が大きくなります．

また，①〜④の方法以外に，「アンテナ（空中線）の高さを高くする」といった方法もあります．

（2）最小探知距離

目標を探知できる最小の距離のことです．**送信パルス幅，アンテナのビームの死角などによって決まります**．レーダーは電波を発射している時間は受信できないため，近距離の物標は識別不能になります．

関連知識　死角とアンテナの垂直面内のビーム幅

図 6.3 に示す角度を死角といいます．船舶がローリングを起こすと死角が大きく変化する場合があります．ローリング時に物標を見失わないようにするため，アンテナの垂直面内のビーム幅は広くなっています．

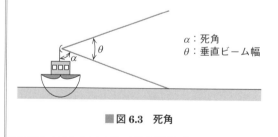

α：死角
θ：垂直ビーム幅

アンテナのビーム幅は変えることはできません．

■図 6.3　死角

（3）距離分解能

　同一方向にある二つの目標を分離できる最小の距離のことです．パルス幅を τ 〔μs〕とした場合，距離分解能は 150τ〔m〕になります．

（4）方位分解能

　同一距離にある物標を見分けることのできる最小の角度のことです．アンテナの水平面の指向特性により決まります．

 レーダー受信機は微弱な電波を受信する必要があるため，受信機内部で発生する雑音の影響を大きく受けます．そのため，内部雑音の少ない増幅器が望ましいことになります．

6章

問題 1 ★★★　　　　　　　　　　　　　　➡6.1 ➡6.2

　次の記述は，レーダー装置の機能について述べたものである．誤っているのはどれか．

1　航行中の船舶等を探知し，方位や距離が測定できる．
2　物標を探知し，移動しているか静止しているか，判別ができる．
3　物標が小物体でも，最小探知距離内にあれば，識別ができる．
4　小型の木船は，金属製の船舶に比べ探知しにくい．

解説

1　○　レーダーは方位や距離を測定できます．
2　○　レーダーの稼働中は連続して観測可能で，物標が移動しているか静止しているかレーダー画面上で判別できます．
3　×　最小探知距離より近い距離にある物体は識別できません．
4　○　金属は電波をよく反射するので，金属製の船舶の方が探知しやすいです．したがって，木製の方が探知しにくくなります．

答え▶▶▶3

 選択肢に「島や山の背後に隠れた物標は，探知できない」（○）となる問題もあります．

問題 2 ★★★　　　　　　　　　　　　　　　　　➡ 6.2.3

レーダー受信機において，最も影響の大きい雑音は，次のうちどれか.

1　空電による雑音

2　電気器具による雑音

3　電動機による雑音

4　受信機内部の雑音

解説　レーダー受信機は外来雑音より**受信機内部から発生する雑音**の影響を受けます.

答え ▶ ▶ ▶ 4

問題 3 ★　　　　　　　　　　　　　　　　　　　➡ 6.2.3

パルスレーダーの最大探知距離を大きくするための条件で，誤っているのは次のうちどれか.

1　送信電力を大きくする.

2　パルスの幅を狭くし，繰返し周波数を高くする.

3　受信機の感度を良くする.

4　空中線の高さを高くする.

解説　2　パルス幅を広くし，繰返し周波数を**低く**すると送信電力が大きくなるので最大探知距離が大きくなります.

答え ▶ ▶ ▶ 2

問題 4 ★　　　　　　　　　　　　　　　　　　　➡ 6.2.3

パルスレーダーの最小探知距離に最も影響を与える要素は，次のうちどれか.

1　パルス幅　　2　送信周波数　　3　送信電力　　4　パルス繰返し周波数

解説　最小探知距離は，**送信パルス幅**とアンテナのビームの死角などによって決まります.

答え ▶ ▶ ▶ 1

問題 5 ★ → 6.2.3

　レーダーから同一方位にあって，近接した2物標を区別できる限界の能力を表すものはどれか．
　1　最小探知距離　　2　最大探知距離　　3　距離分解能　　4　方位分解能

答え▶▶▶ 3

問題 6 ★ → 6.2.3

　レーダーから等距離にあって，近接した2物標を区別できる限界の能力を表すものはどれか．
　1　距離分解能　　2　方位分解能　　3　最小探知距離　　4　最大探知距離

答え▶▶▶ 2

問題 7 ★★ → 6.2.3

　船舶用レーダーで，船体のローリングにより物標を見失わないようにするため，どのような対策がとられているか．
　1　アンテナの垂直面内のビーム幅を広くする．
　2　アンテナの水平面内のビーム幅を広くする．
　3　アンテナの取付け位置を低くする．
　4　パルス幅を広くする．

解説　ローリング時に物標を見失わないようにするため，アンテナの垂直面内のビーム幅は広くなっています．

答え▶▶▶ 1

問題 8 ★★ → 6.2.3

　レーダーにおいて，距離レンジを例えば3海里から6海里へと切り替えたとき，レーダーの機能の一部が連動して切り替えられる．次に挙げた機能のうち，通常切り替わらないものはどれか．
　1　アンテナのビーム幅
　2　中間周波増幅器の帯域幅
　3　パルス幅
　4　パルス繰返し周波数

解説 アンテナのビーム幅は変えることはできません.

答え ▶▶▶ 1

6.3 レーダーの表示形式と偽像

レーダーの表示形式には, A スコープ, B スコープ, E スコープ, PPI スコープ, RHI スコープなど多くの表示型式がありますが, ここでは, 図 6.4 に PPI (Plan Position Indication) スコープ, 図 6.5 に RHI (Range Height Indication) スコープを示します.

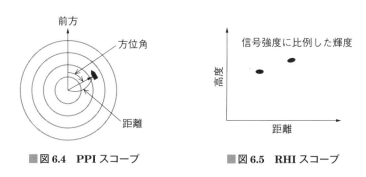

前方

方位角

距離

■図 6.4 PPI スコープ

信号強度に比例した輝度

高度

距離

■図 6.5 RHI スコープ

レーダーの映像は, 電波のビームの広がりにより, **画面の中心付近では点状に現れ, 端の方になるにつれて線状**になります.

実際には物標がないにもかかわらず, レーダースコープ上に物標があるように現れる映像を**偽像**といいます. 偽像には次のようなものがあります.

★★重要 6.3.1 アンテナのサイドローブによる偽像

図 6.6 に示すように, アンテナのサイドローブによって偽像を生じることがあります.

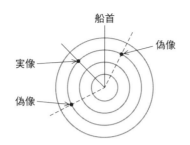

船首
偽像
実像
偽像

■図 6.6 　サイドローブによる偽像の例

6.3.2 多重反射による偽像
★注意

　自船と平行に大型船が航行している場合，電波が自船と大型船を何回か往復することにより生じる偽像を**多重反射による偽像**といいます．

6.3.3 二次反射による偽像
★注意

　近距離の物標からの反射波と煙突やマストで二次的に反射したものが二つの像になって現れることがあります．これを**二次反射による偽像**といいます．レーダーアンテナの位置が煙突やマストより低いと現れます．

6.3.4 遠距離効果による偽像

　ラジオダクトの発生があるとマイクロ波が異常伝搬で遠くに伝わり遠距離の物標を探知することがあります．これを**遠距離効果による偽像**といいます．

6.3.5 鏡現象による偽像
★注意

　港湾内の船の前方に橋，側方に壁がある場合，電波が壁で反射し，橋の偽像を生じます．このような偽像を**鏡現象による偽像**といいます．

6.3.6 レーダー干渉
★★重要

　同じ周波数の電波を使用しているレーダーが近くにある場合，**図 6.7**に示すような多数の斑点が現れ変化することがあります．この映像はレーダーによる干渉映像で，遠距離レンジと近距離レンジでは現れ方は異なります．

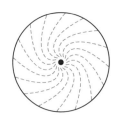

■図 6.7 レーダー干渉映像の例

問題 ⑨ ★★　　　　　　　　　　　　　　　　　　　　　　　　　➡ 6.3

　PPI 方式のレーダー装置の画面に偽像が現れるとき，考えられる原因として誤っているものはどれか.

1　アンテナ指向性にサイドローブがある.
2　レーダー装置のアンテナの位置が自船の煙突やマストより低い.
3　付近にスコールをもつ大気団がある.
4　自船と平行して大型船が航行している.

解説

1　○　6.3.1 のアンテナのサイドローブによる偽像です.
2　○　6.3.3 の二次反射による偽像です.
3　×　大気はレーダーの偽像に関係しません.
4　○　6.3.2 の多重反射による偽像です.

答え▶▶▶ 3

問題 ⑩ ★　　　　　　　　　　　　　　　　　　　　　　　　　➡ 6.3

　次の記述の　　　　内に入れるべき字句の組合せで，正しいのはどれか.
　レーダーの映像は，画面の中心付近では　A　に現れるが，端の方になるにしたがって，　B　に映るようになる. これは電波の　C　の広がりによるためである.

	A	B	C
1	線状	点状	ビーム
2	点状	線状	ビーム
3	点状	線状	パルス幅
4	線状	点状	パルス幅

解説　レーダーの映像は，電波の**ビームの広がり**により，**画面の中心付近では点状**に現れ，**端の方になるにつれて線状**になります．

答え▶▶▶ 2

問題 11 ★ → 6.3.1

　船舶用レーダーにおいて，図に示すような偽像が現れた．主な原因は，次のうちどれか．

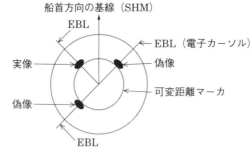

船首方向の基線（SHM）

EBL

EBL（電子カーソル）

実像

偽像

可変距離マーカ

偽像

EBL

1　二次反射による．

2　自船と他船との多重反射による．

3　鏡現象による．

4　アンテナのサイドローブによる．

解説　問題の図は図 6.6 で示した**サイドローブ**による偽像です．

答え▶▶▶ 4

問題 12 ★★ → 6.3.6

　船舶用レーダーの映像において，図のように多数の斑点が現れ変化する現象は，どのようなときに生ずると考えられるか．

1　送電線が近くにあるとき．

2　海岸線が近くにあるとき．

3　他のレーダーによる干渉があるとき．

4　位置変化の速いものが近くにあるとき．

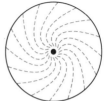

答え▶▶▶ 3

6章

6.4　レーダーで使用される特有の電子回路

　レーダーで使用される特有の電子回路にSTC回路，FTC回路，IAGC回路などがあります．

★★★ 超重要

6.4.1　STC 回路

　海面からの反射波が強いとレーダー画面中央部分が明るくなり過ぎてしまい，近距離にある物標が探知しにくくなります．そこで，**レーダー受信機の近距離を受信する場合の増幅度を下げる動作をさせ，映像を見やすくする回路**がSTC（Sensitivity Time Control）**回路**で，海面反射制御回路とも呼ばれます．

★★ 重要

6.4.2　FTC 回路

　雨や雪などからの反射波により，物標が見えにくくなり識別が困難になることを防止する回路がFTC（Fast Time Constant）**回路**です．

6.4.3　IAGC 回路

　IAGC（Instantaneous Automatic Gain Control）回路は，瞬時自動利得制御回路と呼ばれ，大きな物標からの連続した強い反射波がある場合，中間周波増幅器が飽和して，微弱な信号が受信不能になることがあります．このようなことを防ぐために，中間周波増幅器の利得を制御する回路です．

問題 13 ★　　　　　　　　　　　　　　　　　　　　　　**➡6.4.1**

　船舶用レーダーにおいて，STCつまみを調整する必要があるのは，次のうちどれか．

　1　雨や雪による反射のため，物標の識別が困難なとき．

　2　映像が暗いため，物標の識別が困難なとき．

　3　レーダー近傍の物標からの反射波が強いため画面の中心付近が過度に明るくなり，物標の識別が困難なとき．

　4　掃引線が見えないため，物標の識別が困難なとき．

答え▶▶▶ 3

問題 14 ★★ → 6.4.1

船舶用レーダーのパネル面において，近距離からの海面反射のため物標の識別が困難なとき，操作するつまみで最も適切なものは，次のうちどれか．

1 感度調整つまみ 2 同調つまみ 3 FTC つまみ 4 STC つまみ

解説 近距離からの海面反射のため物標の識別が困難なときは **STC つまみ**を操作します．

答え▶▶▶ 4

問題 15 ★★ → 6.4.2

船舶用レーダーのパネル面において，雨による反射波のため物標の識別が困難な場合，操作する部分で最も適切なのはどれか．

1 FTC つまみ 2 STC つまみ 3 感度つまみ 4 同調つまみ

解説 雨や雪などからの反射波によって，物標が見えにくくなったときは **FTC つまみ**を操作します．

答え▶▶▶ 1

出題傾向 船舶用レーダーのパネル面の操作は FTC 回路と STC 回路が出題されています．似たような文章なので，「雨による反射波」なのか「近距離からの海面反射」なのか問題をよく読んでから解答しましょう．

問題 16 ★★ → 6.4.2

船舶用レーダーにおいて，FTC つまみを調整する必要があるのは，次のうちどれか．

1 雨や雪による反射のため，物標の識別が困難なとき．
2 映像が暗いため，物標の識別が困難なとき．
3 画面の中心付近が明るいため，物標の識別が困難なとき．
4 掃引線が見えないため，物標の識別が困難なとき．

答え▶▶▶ 1

6.5　捜索救助用レーダートランスポンダ

★注意

　捜索救助用レーダートランスポンダ（SART：Search And Rescue radar Transponder）は，救命艇や救命いかだの位置を救助船や航空機のレーダー画面上に表示させる装置です．救助船や航空機の 9 GHz 帯のレーダーから発射される電波を受信すると，応答信号を発射して救助船のレーダーの表示器の画面上に救命艇や救命いかだの位置及び方位を知らせます．レーダーの画面上に 12 個の一列に並んだ輝点（短点）を描き，この輝点は SART の位置を始点として，レーダー画面上の外周方向に表示され，容易に見分けられます．

　SART 側においては，救助船からのレーダー電波を受信すると受信確認ランプが点灯し可聴音が出る構造になっているため，遭難者に救助側の存在と接近情報がわかります．

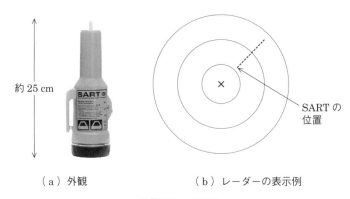

約 25 cm

SART の
位置

（a）外観　　　　　　　　（b）レーダーの表示例

■図 6.8　SART
（写真提供：日本無線株式会社）

問題 17 ★ ➡ 6.5

　レーダー画面上に，図に示すような 12 個の輝点列が現れた．これは何か．

1　大型船の多重反射による偽像
2　小型船舶用レフレクタからの反射
3　アンテナ回転機構の故障
4　捜索救助用レーダートランスポンダ
　（SART）からの信号

自船の位置

解説 レーダーの画面上に 12 個の一列に並んだ輝点列は，**捜索救助用レーダートランスポンダ（SART）** からの信号です．輝点は SART の位置を始点として，レーダー画面上の外周方向に表示されます． 答え▶▶▶ 4

6.6 GPS

GPS は，Global Positioning System の頭文字をとったもので，「全世界測位システム」という意味です．カーナビなどに使われている GPS は，もともとアメリカで軍用に開発されたもので 1993 年から運用が開始されました．

GPS 衛星は地上からの高度が約 20 000 km の異なる 6 つの軌道上に各 4 機（合計 24 機）配置され，1 周期約 **12 時間**で周回しています．そのうち 4 機の衛星の信号を受信することにより，地球上のどの地点でも緯度，経度，高度を測定することができます．

測位に使用されている周波数は**極超短波（UHF）帯**です．

極超短波（UHF）帯とは，300 MHz ～ 3 GHz の周波数のことで，テレビ放送や携帯電話にも使用されています．

関連知識 GPS の規格

■表 6.1 GPS の規格

衛星数	6 軌道 × 4 機 = 24 機
軌道半径	26 560 km（地上から約 20 000 km）
軌道傾斜角	55°
周回周期	11 時間 58 分 2 秒
搬送波周波数	L1：1 575.42 MHz L2：1 227.6 MHz L5：1 176.45 MHz
測距信号	C/A コード P (Y) コード

※ C/A コード：Coarse/Acquisition code
　 P (Y) コード：Precision (encrypted) code

問題 18 ★★　　　　　　　　　　　　　→6.6

　次の記述は，GPS（Global Positioning System）の概要について述べたものである．□□内に入れるべき字句の正しい組合せを下の番号から選べ．

　GPS では，地上からの高度が約 20 000 km の異なる 6 つの軌道上に衛星が配置され，各衛星は，一周約 A 時間で周回している．また，測位に使用している周波数は，B 帯である．

	A	B
1	12	長波（LF）
2	12	極超短波（UHF）
3	24	長波（LF）
4	24	極超短波（UHF）

解説　GPS 衛星の周回周期は，約 **12** 時間で，測位に使用している電波の周波数は**極超短波（UHF）帯**です．

答え▶▶▶ 2

問題 19 ★★　　　　　　　　　　　　　→6.6

　次の記述は，GPS（Global Positioning System）の概要について述べたものである．□□内に入れるべき字句の正しい組合せを下の番号から選べ．

　GPS では，地上からの高度が約 A 〔km〕の異なる 6 つの軌道上に衛星が配置され，各衛星は，一周約 12 時間で周回している．また，測位に使用している周波数は，B 帯である．

	A	B
1	36 000	短波（HF）
2	36 000	極超短波（UHF）
3	20 000	短波（HF）
4	20 000	極超短波（UHF）

解説　GPS 衛星の地上からの高度は，約 **20 000** km で，測位に使用している電波の周波数は**極超短波（UHF）帯**です．

答え▶▶▶ 4

➡6.6

問題 20 ★★

次の記述は，GPS（Global Positioning System）等について述べたものである．誤っているのは次のうちどれか．

1　GPS では，地上からの高度が約 20 000 km の異なる 6 つの軌道上に衛星が配置されている．

2　測位に使用している周波数は，極超短波（UHF）帯である．

3　各衛星は，一周約 24 時間で周回している．

4　ディファレンシャル GPS という方式を用いることにより，GPS 測位精度を上げることができる．

解説　「一周約 24 時間」ではなく，正しくは「一周約 12 時間」です．

答え▶▶▶ 3

6 章

★★ 重要

6.7　船舶自動識別装置

　船舶自動識別装置（**AIS**：Automatic Identification System）は，船舶間の衝突を回避するために開発された無線装置で，すべての旅客船，総トン数 300 トン以上の国際航海に従事する船舶，総トン数 500 トン以上の非国際航海の船舶に設置が義務づけられています．

　AIS 搭載船舶から識別信号，船名，船体長及び幅，IMO 番号，MMSI 番号などの静的情報，緯度・経度，協定世界時（UTC），船速，船首方位などの動的情報，目的地，目的地到着時刻などの航海情報を**超短波（VHF）帯**の電波で周期的に自動送信しています．

　AIS により受信される他の船舶の位置情報は，自船からの**方位や距離**として，液晶表示器やレーダー画面に表示されます．

　陸上側の AIS の無線局は我が国では海上保安庁が運用しており，船舶の識別や運航管理を行い，必要に応じて，航行安全情報や港湾情報などを送信し，特定船舶への航行支援も行っています．

　AIS は多数の船舶が同時に利用できる同報性と広域性を有しており，衝突などの事故防止になくてはならないものとなっています．

関連知識 AIS で使われる周波数

AIS の国際周波数波：161.975 MHz，162.025 MHz の 2 波（出力 12.5 W）を使用.

MMSI（Maritime Mobile Service Identity）番号：海上移動業務識別コードで 9 桁の数字で構成されており，最初の 3 桁は国籍を示しています.

IMO（International Maritime Organization）番号：船舶の識別のための恒久的な番号. 船舶の国籍が変化しても変わりません.

問題 21 ★★　　　　　　　　　　　　　　　　　　　　**→ 6.7**

次の記述は，船舶自動識別装置（AIS）の概要について述べたものである. 誤っているものを下の番号から選べ.

1　AIS 搭載船舶は，識別信号（船名），位置，針路，船速などの情報を送信する.

2　AIS により受信される他の船舶の位置情報は，自船からの方位，距離として AIS の表示器に表示することができる.

3　通信に使用している周波数は，短波（HF）帯である.

4　電波は，自動的に送信される.

解説　AIS で使用する電波の周波数は，**超短波（VHF）帯**です.

答え▶▶▶ 3

問題 22 ★　　　　　　　　　　　　　　　　　　　　**→ 6.7**

次の記述は，船舶自動識別装置（AIS）の概要について述べたものである. ☐ 内に入れるべき字句の正しい組合せを下の番号から選べ.

AIS を搭載した船舶は，識別信号（船名），位置，針路，船速などの情報を ☐ A ☐ 帯の電波を使って自動的に送信する. また，AIS により受信される他の船舶の位置情報は，自船からの ☐ B ☐ として AIS の表示器に表示することができる.

	A	B
1	短波（HF）	方位，距離
2	短波（HF）	12 個の輝点列
3	超短波（VHF）	12 個の輝点列
4	超短波（VHF）	方位，距離

解説　AIS により受信される他の船舶の位置情報は，自船からの**方位や距離**として，液晶表示器やレーダー画面に表示されます. なお, 12 個の輝点列は捜索救助用レーダートランスポンダ（SART）からの信号です. 間違えないようにしましょう.

答え▶▶▶ 4

7章 空中線系及び電波伝搬

この章から **1** 問出題

電波を送信・受信するには送受信機の他に必ず空中線（以下「アンテナ」という）と給電線が必要です．能率良く電波を送受信するには，送受信機，給電線，アンテナ間の整合が重要なのはもちろんですが，使用するアンテナの性質及び電波の伝わり方を把握しておくことが大切です．試験に出題されるのは，「半波長ダイポールアンテナの性質」，「1/4 波長垂直接地アンテナの性質」，「延長コイルと短縮コンデンサ」，「ブラウンアンテナの性質」，「電離層」，「短波の電波の伝わり方」，「超短波の電波の伝わり方」などです．

7.1 アンテナの長さと形状及び特性

アンテナの長さ，大きさ，形状は主に使用する電波の波長によって決まります．使用する電波の波長が短ければ短いアンテナ，波長が長い場合は長いアンテナが必要になります．

アンテナの形状は，主に短波帯（HF）以下で使われるダイポールアンテナなどの線状アンテナ，超短波帯（VHF）〜極超短波帯（UHF）で使われる全方向性（無指向性）のホイップアンテナ，スリーブアンテナ，ブラウンアンテナ，強い指向性を持つ八木アンテナ，マイクロ波領域で使われるパラボラアンテナなど多くの種類のアンテナがあります．

指向性とは，アンテナが「どの程度，特定の方向に電波を集中して放射できるか」又は「到来電波に対してどの程度感度が良いか」を表すものです．

各々のアンテナに共通して必要なのは，電波を効率良く送受信できるようにすることです．そのために「指向性」，「利得」，「無線機器とアンテナを接続する給電線との整合」が重要になります．

7.1.1 入力インピーダンス

送受信機とアンテナを接続するには同軸ケーブルなどの給電線が必要です．**図7.1** に示すように給電点 ab からアンテナを見たインピーダンスを**入力インピーダンス**または**給電点インピーダンス**といいます．

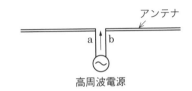

■**図7.1 アンテナの入力インピーダンス**

7.1.2　アンテナの指向性

　放送局やタクシー無線などの基地局や小規模海岸局では，どの方向でも電波の強さが同じになるアンテナが使用されています．このようなアンテナを**全方向性（無指向性）アンテナ**といいます．また，八木アンテナやパラボラアンテナのように，放射される電波の強さが方向によって異なるアンテナを**単一指向性アンテナ**といいます．

　アンテナの指向特性はアンテナから放射される電波の電界強度が最大の点を1と考え，他の場所における電界強度を相対的な値で示すとわかりやすくなります．全方向性アンテナの水平面内の特性の概略を**図 7.2** に，単一指向性アンテナの水平面内の特性の概略を**図 7.3** に示します．

■図7.2　全方向性アンテナの特性

■図7.3　単一指向性アンテナの特性

全方向性アンテナはアンテナの向きに関係しないため，27 MHz の無線装置や国際 VHF 無線装置を備えた船舶用のアンテナに適しています．単一指向性アンテナはテレビの電波の受信など，通信の相手の位置があらかじめわかっている場合に適しています．

7.1.3　利　得

　利得はアンテナの性能を表す指標の1つで，数値が大きくなれば高性能になります．利得が大きなアンテナを使用すると，送信電力が小電力でも遠くまで電波が到達します．

　アンテナの利得には，全方向性である等方性アンテナを基準とした絶対利得，半波長ダイポールアンテナを基準とした相対利得があります．

アンテナの重要な要素に，「入力インピーダンス」，「指向性」，「利得」があります．

7.2 基本アンテナ

7.2.1 半波長ダイポールアンテナ

図 7.4 に示すアンテナを**半波長ダイポールアンテナ**といい，**長さが電波の波長の 1/2 に等しい非接地アンテナ**です．アンテナに高周波電流を加えると，アンテナに流れる電流の分布は一定ではなく場所によって異なります．グレーの部分は電流分布を示します．

地面に水平に設置した半波長ダイポールアンテナからは水平偏波の電波が放射され，水平面内の指向特性は**図 7.5** のような 8 字特性になることが知られています．地面に垂直に設置すると**垂直偏波**の電波が放射され，水平面内の指向特性は**全方向性（無指向性）**になります．

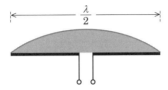

■図 7.4　半波長ダイポールアンテナと電流分布

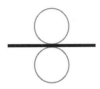

■図 7.5　半波長ダイポールアンテナの水平面内の指向特性

7.2.2 1/4 波長垂直接地アンテナ

1/4 波長垂直接地アンテナは，長さが電波の波長の 1/4 に等しい接地アンテナです．**図 7.6** に 1/4 波長垂直接地アンテナとその電流分布を示します．電流分布はアンテナの先端で零，基部で最大になります．

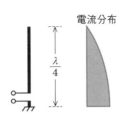

■図 7.6　1/4 波長垂直接地アンテナと電流分布

1/4 波長垂直接地アンテナの水平面内の指向特性は，図 7.2 のような全方向性（無指向性）になります．**接地抵抗が小さいほどアンテナの効率が良くなります．**

問題 1 ★★ → 7.2.1

垂直半波長ダイポールアンテナから放射される電波の偏波と，水平面内の指向特性についての組合せで，正しいのはどれか.

	偏波	指向特性
1	水平	8字特性
2	水平	全方向性（無指向性）
3	垂直	8字特性
4	垂直	全方向性（無指向性）

解説 垂直に設置されている半波長ダイポールアンテナから放射される電波の偏波は**垂直偏波**で，その水平面内の指向性は**全方向性（無指向性）**になります.

答え▶▶▶4

問題 2 ★★★ → 7.2.2

1/4波長垂直接地アンテナの記述で，誤っているのは次のうちどれか.

1　指向特性は，水平面内では全方向性（無指向性）である.
2　固有周波数の奇数倍の周波数にも同調する.
3　接地抵抗が大きいほど効率が良い.
4　電流分布は先端で零，基部で最大となる.

解説 3　接地抵抗が**小さい**ほど効率が良くなります.

答え▶▶▶3

7.3 アンテナの共振

　二海特の資格では，1 606.5 〜 4 000 kHz の周波数の電波を使用することができますが，この電波の波長は 75 〜 187 m となり，1/2 波長や 1/4 波長のホイップアンテナを使用するとしても，かなり長いアンテナになってしまいます. そこでアンテナの長さ自体を変えないで電気的にアンテナの長さを変えられる方法として，延長コイルや短縮コンデンサを用いることがあります.

7.3.1　延長コイル

　図 **7.7** に示すように，アンテナに直列にコイルを挿入すると共振周波数が低くなります．そのため，波長の長い周波数の電波に共振しアンテナの長さが不足する場合に使用します．このコイルを**延長コイル**といいます．

■図 **7.7**　延長コイル

7.3.2　短縮コンデンサ

　図 **7.8** に示すように，アンテナに直列にコンデンサを挿入すると共振周波数が高くなります．そのため，波長の短い周波数の電波に共振しアンテナの長さが長すぎる場合に使用します．このコンデンサを**短縮コンデンサ**といいます．

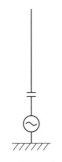

■図 **7.8**　短縮コンデンサ

問題 3 ★　　　　　　　　　　　　　　　　　　　　➡ 7.3.1

使用するアンテナにおいて，延長コイルを必要とするのは，次のうちどれか．
1　使用する電波の波長がアンテナの固有波長に等しいとき．
2　使用する電波の周波数がアンテナの固有周波数より高いとき．
3　使用する電波の波長がアンテナの固有波長より短いとき．
4　使用する電波の周波数がアンテナの固有周波数より低いとき．

解説　延長コイルが必要なのは，**使用する電波の周波数がアンテナの固有周波数より低いとき**です．

答え▶▶▶ 4

固有周波数とは，共振周波数のうち一番低い周波数をいいます．また，固有周波数に対する波長を固有波長といいます．

問題 4 ★　　　　　　　　　　　　　　　　　　　　➡ 7.3.2

使用するアンテナにおいて，短縮コンデンサを必要とするのは，次のうちどれか．
1　使用する電波の波長がアンテナの固有波長に等しいとき．
2　使用する電波の波長がアンテナの固有波長より長いとき．
3　使用する電波の周波数がアンテナの固有周波数より高いとき．
4　使用する電波の周波数がアンテナの固有周波数より低いとき．

解説　短縮コンデンサが必要なのは，**使用する電波の周波数がアンテナの固有周波数より高いとき**です．

答え▶▶▶ 3

7.4　各種アンテナ

7.4.1　中波（MF）帯で使用されるアンテナの例

　図 **7.9** に，中波放送用垂直アンテナの例を示します．中波 AM 放送のアンテナには，頂部負荷型垂直アンテナが多く使われています．頂部負荷型垂直アンテナは垂直アンテナの頂上部に導線を張った容量環と呼ばれるものを付けることに

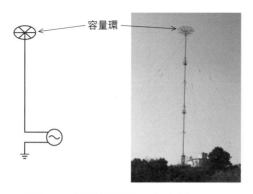

■図7.9 中波放送用頂部負荷型垂直アンテナ

7
章

よって，アンテナの実効高を高くしています．水平面内の指向性は全方向性（無指向性）となります．

　船舶用として**図7.10**に示すようなT形や逆L形のアンテナが使用されることもあります．

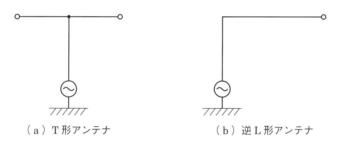

（a）T形アンテナ　　　　　　　（b）逆L形アンテナ

■図7.10 船舶用アンテナの例

7.4.2 超短波（VHF）〜極超短波（UHF）で使用されるアンテナの例
（1）ホイップアンテナ

　図7.11に**ホイップアンテナ**（またはグランドプレーンアンテナともいう）の外観を示します．1/2波長より大きな直径の金属板を取り付けて，大地と同じ効果を持たせようとするものです．VHF〜UHF帯の移動体アンテナとして使われています．通常，垂直偏波で使用します．

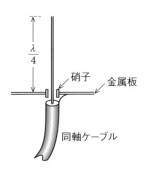

■図7.11　ホイップアンテナ

(2) スリーブアンテナ

　図7.12に**スリーブアンテナ**の外観を示します．同軸ケーブルの内導体を1/4波長だけ残し，長さが1/4波長のスリーブ（袖という意味）と呼ばれる銅や真鍮などで作られた円筒を取り付け，同軸ケーブルの外導体に接続してあります．スリーブアンテナの放射抵抗は半波長ダイポールアンテナと同じ約73 Ωです．通常，**垂直偏波で使用**し，**水平面内の指向性は全方向性**（無指向性）となります．陸上ではタクシー無線や簡易無線などの基地局用に，船舶では国際VHF用や船上通信設備用アンテナとして使用されています．

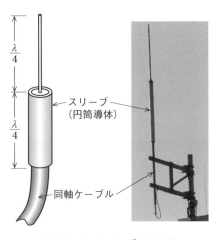

■図7.12　スリーブアンテナ

(3) ブラウンアンテナ

図 **7.13** にブラウンアンテナの外観を示します．地線と呼ばれる導線（ここでは地線は 4 本）を水平方向に取り付けています．通常，**垂直偏波で使用**します．**水平面内の指向性は全方向性**（無指向性）です．主に基地局などの通信用アンテナとして使用されています．

ブラウンアンテナは，スリーブアンテナのスリーブを4本に分割し，それを水平に開いたものです．

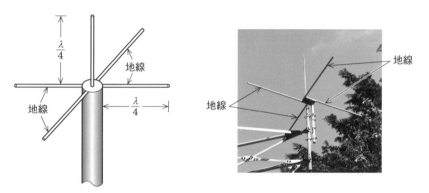

■図 7.13　ブラウンアンテナ

(4) 八木アンテナ

図 **7.14** に 3 素子の**八木アンテナ**の外観を示します．八木アンテナは電波を放射する放射器，電波を反射する反射器，導波器から構成されています．電波の主

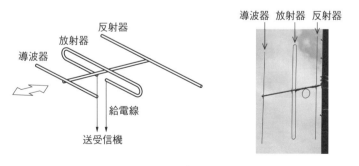

■図 7.14　八木アンテナ

輻射方向は導波器の方向になります．八木アンテナはテレビの受信用をはじめ，短波〜極超短波帯の送受信アンテナなどに使われています．

問題 5 ★　　　　　　　　　　　　　→ 7.4.2

次の記述の　　　　内に入れるべき字句の組合せで，正しいのは次のうちどれか．

スリーブアンテナは，一般に　A　偏波で使用し，このときの　B　面内の指向性は，全方向性（無指向性）である．

	A	B
1	垂直	水平
2	垂直	垂直
3	水平	水平
4	水平	垂直

解説　スリーブアンテナは**垂直偏波**で使用し，**水平面内**の指向性は全方向性（無指向性）です．

答え▶▶▶ 1

問題 6 ★　　　　　　　　　　　　　→ 7.4.2

次の記述の　　　　内に入れるべき字句の組合せで，正しいのは次のうちどれか．

ブラウンアンテナは，一般に　A　偏波で使用し，このときの　B　面内の指向性は，全方向性（無指向性）である．

	A	B
1	垂直	垂直
2	垂直	水平
3	水平	垂直
4	水平	水平

解説　ブラウンアンテナは，通常，**垂直偏波**で使用します．**水平面内**の指向性は全方向性（無指向性）です．

答え▶▶▶ 2

関連知識　給電線

　送受信機とアンテナを接続する線路を給電線といいます．給電線には，図 **7.15** に示すように，平行二線式線路，同軸線路，導波管（マイクロ波領域など高い周波数で使用される）があります．

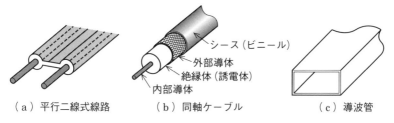

（ a ）平行二線式線路　　　（ b ）同軸ケーブル　　　　　（ c ）導波管

■図 **7.15**　各種給電線

　給電線の特性インピーダンスとアンテナのインピーダンスが異なると，反射波が生じ伝送効率が低下し，信号の歪みが増加するためインピーダンスを整合させる必要があります．

7.5　電波の伝わり方

　電波は，真空中では，1 秒間に 3×10^8 m（30 万 km）進みます．しかし，電波が伝搬する媒質が違う（例えば，乾燥した大気中や水蒸気を多く含んだ大気中など）と，周波数は変化しませんが，波長が変化し，電波の速度が変化します（なお，媒質中の電波の速度は真空中の速度と比べると遅くなります）．

　長波帯（LF：Low Frequency），中波帯（MF：Medium Frequency），短波帯（HF：High Frequency），超短波帯（VHF：Very High Frequency），極超短波帯（UHF：Ultra High Frequency），マイクロ波帯（SHF：Super High Frequency，EHF：Extremely High Frequency）で電波の伝わり方が違うのは，各々の周波数の電波と媒質の相互作用が相違するからです．

　電波の伝わり方の種類には，地面から近い順番に「地上波伝搬」，「対流圏伝搬」，「電離層伝搬」があります．電波の伝わり方を図に示したものを図 **7.16**，電波の伝わり方を分類したものを表 **7.1** に示します．

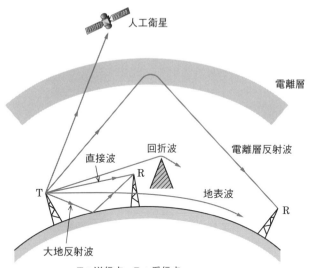

T：送信点，R：受信点

■図 7.16 電波の伝わり方

■表 7.1 電波の伝わり方の分類

伝搬の種類	名　称	特　徴
地上波伝搬	直接波	送信アンテナから受信アンテナに直接伝搬
	大地反射波	地面で反射し伝搬
	地表波	地表面に沿って伝搬
	回折波	山の陰のような見通し外でも伝搬
対流圏伝搬	対流圏波	大気（屈折率）の影響を受けて伝搬
電離層伝搬	電離層反射波	遠距離通信可能

注）電離層伝搬を考えなくてもよい伝搬を対流圏伝搬といいます.

7.5.1　地上波伝搬

　送受信間の距離が近く，大地，山，海などの影響を受けて伝搬する電波を**地上波**といいます．地上波には，「直接波」「大地反射波」「地表波」「回折波」があります．地上波が伝搬することを**地上波伝搬**といいます．

7.5.2　対流圏伝搬

　地上からの高さが 12 km 程度（緯度，経度，季節により高さは変化します）までを**対流圏**といいます．対流圏では高度が高くなるに従って大気が薄くなり，100 m につき温度が約 0.6℃ 下がります．大気が薄くなると屈折率が小さくなり，電波はわん曲して伝搬するようになります．このように対流圏の影響を受けて電波が伝搬することを**対流圏伝搬**といいます．

7.5.3　電離層伝搬

　電離層は地表から約 60 ～ 400 km のところにあります．電離層密度は，太陽活動・季節・時刻などで常に変化します．電離層は**図 7.17** に示すように，地表から近い方から，D 層，E 層，F 層と命名されています．電離層は短波（HF）帯の電波伝搬に大きな影響を与えます．電離層で反射する伝搬を**電離層伝搬**といい，通常，超短波（VHF）帯以上の電波は電離層を突き抜けてしまいますが，夏季の昼間に出現することがある**スポラジック E 層**と呼ばれる電子密度が高い特殊な電離層によって，超短波（VHF）帯の電波が反射し，見通し距離外の遠距離に伝搬することがあります．

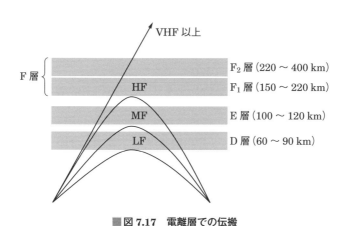

■図 7.17　電離層での伝搬

関連知識　電離層での反射

　電離層（電離圏ということが多い）に鏡のような反射板があるわけではありません．電離層の上に行くほど電子が増えるため，屈折率が小さくなり，電離層に入射した電波は下側にわん曲して伝わるようになります．これを反射といっています．どの程度わん曲するかは周波数によって違い，中波（MF）や短波（HF）の電波は反射しますが，超短波（VHF）帯や極超短波（UHF）帯の電波は反射しないで突き抜けてしまいます．

🛰 Column　電離層になぜ A 層，B 層，C 層がないの？

　電離層があることを確認したのは，アップルトン（イギリスのノーベル賞受賞者）です．論文の中で，電離層反射波の電界を表すのに E を用いたので E 層と命名しました．その後，E 層より高い場所に反射層が見つかり，F 層と命名しました．同様に，E 層より低い場所にも反射層が見つかり，D 層と命名されました．よって，D 層〜F 層しかなく，A 層，B 層，C 層はありません．

7.5.4　電波の回折

　光は障害物の陰には伝わりませんが，長波や中波などはもちろん，超短波や極超短波などの電波も障害物の陰に回り込みます．これを**電波の回折**といいます．

関連知識　電波の屈折

　屈折率の違う媒質を電波が通過する場合は，媒質の境界面で電波は屈折して進行します．真空中の電波の速度を c，媒質中の電波の速度を c'，媒質の屈折率を n（媒質によって決まる1より大きな定数）とすると，$c' = c/n$ となります．なお，大気の屈折率は1よりわずかに大きいため，電波の速度は大気などの媒質中では必ず遅くなります．

問題 7　★★★　　　　　　　　→ 7.5.3

　次の記述の　　　内に入れるべき字句の組合せで，正しいのはどれか．
　電離層は，一般に D 層，E 層，F 層からなり，このうち高さが最も高いのは　A　層で，他の層に比べて　B　周波数の電波を反射する．

	A	B
1	D	低い
2	D	高い
3	F	低い
4	F	高い

解説 電離層は地表から順に D 層，E 層，F 層があります．一番高い **F 層**は他の層に比べて**高い**周波数の電波を反射します．

答え▶▶▶ 4

A の選択肢の「D」が「E」になる問題も出題されていますが，その場合の答えも F となります．

7.6 各周波数帯の電波伝搬の特徴

7.6.1 中波（MF）の電波伝搬

- 近距離の伝搬は地表波が主体である．
- 遠距離間通信の場合は電離層伝搬が主体となる．下部電離層（D 層，E 層）で電波が吸収されるが D 層は夜間には消滅するので，夜間は電界強度が大きくなる．

MF 波：近距離は地表波が主体，遠距離は電離層波です．

★★ 重要
7.6.2 短波（HF）の電波伝搬

- 電離層の反射を利用した電波伝搬で，小電力でも遠距離通信が可能である．
- 太陽活動，季節，時刻によって，電離層の状態が変化するので適切に使用する周波数を変更する必要がある．安定した通信は難しい面もある．
- 電波が電離層を最も突き抜けやすいのは**周波数が高く（波長が短く）**，電離層の**電子密度が小さい場合**である．
- 電波が電離層を**突き抜ける**ときの減衰は，**周波数が高い（波長が短い）**ほど小さく，**反射する**ときの減衰は，**周波数が高い（波長が短い）**ほど大きくなる．

波長 λ＝速度 c÷周波数 f より，速度 c が一定の場合，「波長が長い＝周波数が低い」，「波長が短い＝周波数が高い」の関係となります．

関連知識　第1種減衰と第2種減衰
電離層を突き抜けるときに受ける減衰を「第1種減衰」，電離層で反射するとき受ける減衰を「第2種減衰」といいます．

- デリンジャー現象や電離層嵐が起こると，突然通信不能になることもある．

太陽面のフレア（爆発）が原因で起こった異常電離により電波が吸収され，その結果，地球の昼間の地域で，数分～数十分にわたって短波通信が妨げられる現象を**デリンジャー現象**といいます．

電離層の電子密度の低下や高度の上昇などが不規則に起こり，短波による通信に障害が起こることを**電離層嵐**といい，2日～1週間程度続きます．

HF波：電離層波が主体です．

★★重要 | 7.6.3　超短波（VHF）の電波伝搬

- 直進する性質があるが，山や建物等の障害物の背後にも届くことがある．
- 電離層はほとんど利用できないが，夏の昼間にスポラジックE層が出現して遠距離通信ができることがある．
- 直接波と地表面からの反射波が伝搬する．
- 見通し距離内で生ずる直接波と大地反射波の受信電波の強度の干渉じま（電界強度の変化）は，波長が長いほど粗くなる．
- 送信点からの距離が見通し距離より遠くなると，波長が短くなるほど受信電界強度の減衰が大きくなる．

VHF波：直接波と大地反射波が主体，回折して伝搬，電離層を突き抜けます．スポラジックE層が出現すると遠距離通信可能になります．

問題 8 ★★★　　　　　　　　　　　　　　　　　　　　　　　➡7.6.2

短波の伝わり方の一般的な記述で，誤っているのは次のうちどれか．
1. 遠距離で受信できても，近距離で受信できない地帯がある．
2. 波長の短い電波ほど，電離層を突き抜けるときの減衰が少ない．
3. 波長の長い電波は電離層を突き抜け，波長の短い電波は反射する．
4. 波長の短い電波ほど，電離層で反射されるときの減衰が多い．

解説　電離層を突き抜けるのは，**波長が短い**（周波数が高い）電波で，**波長が長い**（周波数が低い）電波は反射します．

答え▶▶▶3

問題 9 ★　　　　　　　　　　　　　　　　　　　　　　→ 7.6.2

短波において，電波が電離層を最も突き抜けやすいのは，次のうちどれか．

1　周波数が低く，電離層の電子密度が小さい場合．
2　周波数が高く，電離層の電子密度が小さい場合．
3　周波数が低く，電離層の電子密度が大きい場合．
4　周波数が高く，電離層の電子密度が大きい場合．

解説　短波において，電波が電離層を最も突き抜けやすいのは，**周波数が高く**，電離層の**電子密度が小さい場合**です．　　　　　　　　　　答え▶▶▶ 2

問題 10 ★★　　　　　　　　　　　　　　　　　　　　　→ 7.6.2

次に記述の　　　内に入れるべき字句の組合せで，正しいのは次のうちどれか．

電波が電離層を突き抜けるときの減衰は，周波数が高いほど　A　，反射するときの減衰は，周波数が高いほど　B　なる．

	A	B
1	大きく	大きく
2	大きく	小さく
3	小さく	小さく
4	小さく	大きく

解説　電波が電離層を突き抜けるときの減衰は，周波数が高いほど**小さく**，反射するときの減衰は，周波数が高いほど**大きく**なります．

答え▶▶▶ 4

問題 11 ★　　　　　　　　　　　　　　　　　　　　　　→ 7.6.3

次の記述は，超短波（VHF）帯の電波の伝わり方について述べたものである．誤っているのはどれか．

1　伝搬途中の地形や建物の影響を受けない．
2　通常，電離層を突き抜けてしまう．
3　見通し距離内の通信に適する．
4　光に似た性質で，直進する．

解説　1「影響を**受けない**」ではなく，正しくは「影響を**受ける**」です．

答え▶▶▶ 1

問題 12 ★ → 7.6.3

次の記述は，超短波（VHF）帯の電波の伝わり方について述べたものである．正しいのはどれか．

1　通信には，一般に減衰の少ない地表波が利用される．
2　通常，電離層で反射される．
3　光に似た性質で，直進する．
4　伝搬途中の地形や建物の影響を受けない．

解説　1　地表波ではなく，**直接波**が利用されます．
2　電離層で反射されず，**突き抜けます**．
4　伝搬途中の地形や建物の**影響を受けます**．

答え▶▶▶ 3

8章 電源

交流を直流に変換する電源回路の動作原理，各種電池の特徴と電池の容量などについて学びます．試験に出題されるのは，「整流回路」，「平滑回路」，「一次電池と二次電池」，「電池の容量」などです．

8.1 電源回路

我々の身の回りにあるテレビジョン受像機やスマートフォンなどはもちろん，船舶で使用される各種電子通信機器は直流電源で動作しています．

テレビジョン受像機のように携帯できない電子機器は，通常，家庭に配電されている商用電源の交流を直流に変換して使用しています．スマートフォンや携帯用無線機のように移動して使用する機器には，電池や繰り返して使える蓄電池などの直流電源が使われています．

船舶においては，発電機で発電された交流を直流に変換すると同時に蓄電池にも充電し，交流電源の故障時には自動的に蓄電池から電力が供給される仕組みになっています．

関連知識 船舶の交流電源

船舶の交流電源には 110 V，220 V，440 V があり，周波数は 60 Hz が標準です．船舶内の通信機器や電子機器には交流 110 V を直流に変換して供給するとともに，停電に備えて蓄電池を浮動充電（電源を使用しながら常に充電する方式）しています．

図 8.1 は交流電圧から直流電圧を得る電源回路の構成の概要を示したものです．交流電圧を変圧器で上昇又は下降させて，**整流回路で脈流**（交流分を多く含む直流）**に変換**し，**平滑回路で完全に近い直流**にした後，電圧の変動を抑える安定化回路を経て負荷に供給します．

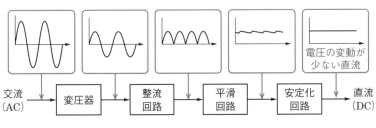

■図 8.1　電源回路の構成

8.1.1 変圧器

鉄心に2つのコイルを巻いたものを**変圧器**（トランス）といいます．変圧器は，任意の交流電圧を得ることができます．変圧器の図記号を**図8.2**，実際の小型の変圧器を**図8.3**に示します．

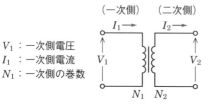

（一次側） （二次側）

V_1：一次側電圧
I_1：一次側電流
N_1：一次側の巻数

V_2：二次側電圧
I_2：二次側電流
N_2：二次側の巻数

■図8.2　変圧器の図記号

■図8.3　小型変圧器

変圧器は交流電圧を任意の大きさの交流電圧に変換します．直流電圧を変換することはできません．

★★★ 超重要 8.1.2 整流回路

整流回路は，**交流を直流に変換する回路**で，ダイオードなどの整流器で構成されています．整流回路には半波整流回路や全波整流回路など，多くの種類があります．

（1）半波整流回路

半波整流回路は図**8.4**に示すように，ダイオード1本で交流電圧を直流電圧に変換する回路です．半波整流回路の整流波形は図8.4のようになります．

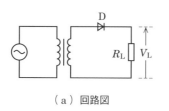

（a）回路図

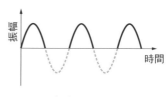

（b）整流波形

■図8.4　半波整流回路

（2）全波整流回路

　全波整流回路は**図 8.5**に示すように，ダイオード2本で交流電圧を直流電圧に変換する回路です．この回路は半波整流回路の変圧器の2倍の巻数の変圧器が必要ですが，**図 8.6**に示すようなダイオードを4本使用した回路（ブリッジ回路と呼ぶ）を使えば半波整流回路の変圧器を使用して全波整流回路を構成することができます．

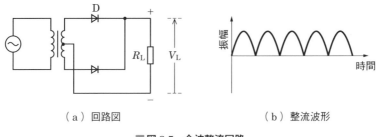

（a）回路図　　　　　　　　　　（b）整流波形

■**図 8.5　全波整流回路**

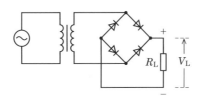

■**図 8.6　全波整流回路（ブリッジ回路）**

8.1.3　平滑回路

　整流回路で整流された電圧は交流成分が残っている不完全な直流なので，そのままでは電子通信機器などに使用できません．そこで，交流成分を除去する必要があり，この回路が**平滑回路**です．平滑回路の例を**図 8.7**に示します．図 8.7（a）のようにダイオード D にすぐコンデンサ C が接続されているのを，**コンデンサ入力形平滑回路**，図 8.7（b）のようにダイオード D にすぐチョークコイル CH が接続されているのを**チョーク入力形平滑回路**といいます．図 8.6 の全波整流回路に平滑回路を接続した場合の入力・出力波形を**図 8.8**に示します．

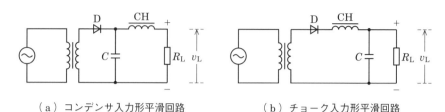

（a）コンデンサ入力形平滑回路　　　　　（b）チョーク入力形平滑回路

■図8.7　平滑回路の例

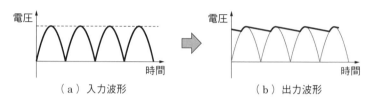

（a）入力波形　　　　　　　　　　　（b）出力波形

■図8.8　平滑回路の入力・出力波形

関連知識　安定化回路

　整流回路と平滑回路で直流が得られますが，入力交流電圧の変動や負荷電流の変動がある
と出力直流電圧が変動します．負荷が変動しても，一定の直流電圧が得られるようにした電
子回路が安定化回路です．

問題❶　★★　　　　　　　　　　　　　　　　　　　　　　　→8.1

　交流電源から直流を得る場合は，変圧器により所要の電圧にした後，　A　を
経て　B　でできるだけ完全な直流にする．

	A	B
1	平滑回路	整流回路
2	平滑回路	変調回路
3	整流回路	平滑回路
4	整流回路	変調回路

解説　変圧器で所定の交流電圧にし，次に**整流回路**で脈流に変換します．そして，**平
滑回路**で交流成分を除去し，完全な直流にします．なお，電源に用いる回路は，整流回
路と平滑回路で，変調回路は送信機に用いる回路です．

答え▶▶▶3

問題 2 ★★

図に示す整流回路の名称と a 点に現れる整流電圧の極性との組合せで，正しいのは次のうちどれか.

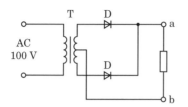

T ：変圧器
D ：ダイオード
─□─ ：抵抗

	名称	a 点の極性
1	全波整流回路	正
2	全波整流回路	負
3	半波整流回路	正
4	半波整流回路	負

答え▶▶▶ 1

8章

問題 3 ★★★

図の電源回路の入力に交流を加えたとき，出力及び出力端子の極性の組合せで，正しいのは次のうちどれか.

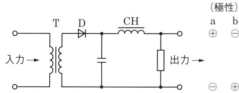

（極性）
a　　b
⊕　　⊖

⊖　　⊕

T ：変圧器
D ：ダイオード
CH ：チョークコイル
─□─ ：抵抗
─┤├─ ：コンデンサ

	出力	極性
1	交流	a
2	交流	b
3	直流	a
4	直流	b

解説　電源回路は，図 8.1 で示すように変圧器，整流回路，平滑回路で構成され，入力した交流を直流に変換して出力する回路です．

答え▶▶▶ 3

8.2　電池と蓄電池

　電池はイタリアのボルタが 1800 年に発明した「ボルタ電池」（正極：銅，負極：亜鉛，電解液：希硫酸）が最初で，今から 200 年以上前のことです．

　1859 年に，フランスのプランテが「鉛蓄電池」を発明し，1887 年には，日本の屋井先蔵が「乾電池」を発明しました．

　現在では，さまざまな種類の電池や蓄電池が考案され，電子通信機器や電気自動車など多方面に使われています．

　電池には，化学反応により電気を発生させる**化学電池**，光や熱を電気に変換する**物理電池**があります．化学電池には，乾電池のように使い捨ての**一次電池**，充放電を繰り返すことで何回も使用できる**二次電池**があります．物理電池には，太陽電池や熱電池があります．これらをまとめたものを**図 8.9** に示します．

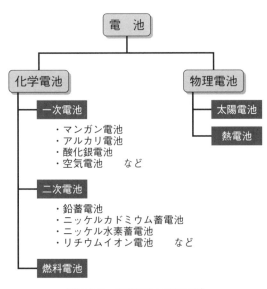

■図 8.9　化学電池と物理電池

8.2.1 乾電池

現在，使用されている代表的な乾電池には，マンガン乾電池とアルカリ乾電池，時計や電卓などに使用されているボタン形の酸化銀電池などがあります．

マンガン乾電池は正極に二酸化マンガン，負極に亜鉛，電解液に塩化亜鉛水溶液を使用しており，電圧は 1.5 V です．マンガン乾電池は間欠的に使用すると電力が回復する性質があるので，テレビのリモコンのように，ときどき使用するものの電源に向いています．

アルカリ乾電池は正極に二酸化マンガン，負極に亜鉛，電解液に水酸化カリウム水溶液が使用されており，電圧は 1.5 V です．マンガン乾電池と比較すると大きな電流を流すことができるので，モータなどの大きな電流を必要とするものに向いています．

酸化銀電池は，正極に酸化銀，負極に亜鉛，電解液に水酸化カリウム水溶液または水酸化ナトリウム水溶液を使用しており，電圧は 1.55 V です．小型なので，時計，電卓，体温計などの小型の電子機器に用いられています．大きな電流は取り出すことはできません．

8.2.2 鉛蓄電池

正極に二酸化鉛，負極に鉛，電解液に希硫酸を使用したものです．1つのセル当たりの公称電圧は **2 V** です．大きな電流を取り出すことができ，**メモリー効果はありません**．短所としては，重くて，電解液に希硫酸を使用しているので，破損した場合は危険であることです．鉛蓄電池の劣化の原因は，主に，電極の劣化によるものです．

鉛蓄電池は，満充電状態のまま放電しない場合でも，電池内部では化学反応が起きていますので，時間の経過とともに電池容量が低下します（これを**自己放電**といいます）．そのため，全く使用しないときでも，1〜3か月に1回程度は充電し，電圧の低下を防ぐ必要があります．

鉛蓄電池は，自動車のバッテリーや各種施設の非常用の蓄電池として，広く使われています．

 電池を使いきらない状態で何度も充電を繰り返すことにより，早く電圧が低下してしまい，使える容量が減ってくる現象をメモリー効果といいます．

★★★ 超重要 | 8.2.3 リチウムイオン蓄電池

正極にコバルト酸リチウム，負極に炭素，電解液に有機電解液を使用したものです．

1セル当たりの電圧は3.7 Vです．大電流の放電には向きませんが，軽くて大きな電力が得られることから，携帯電話，ノートパソコン，ビデオカメラのようなモバイル端末に広く使用されています．また，パワーアシスト自転車や電気自動車用蓄電池としても注目されています．

自己放電が小さく，メモリー効果はありません． 過充電や過放電には弱いので保護回路が必要です．

8.2.4 ニッケルカドミウム蓄電池

正極にオキシ水酸化ニッケル，負極にカドミウム，電解液に水酸化カリウム水溶液を使用したものです．

1セル当たりの公称電圧は**1.2 V**ですが，容量が大きく大電流を流すことができますので，大きな電力を必要とする家電製品（電動歯ブラシ，電気シェーバー，電動工具など）に使われています．自己放電があり，時計の電源のように消費電力が小さく長期間動作させるような用途には向いていません．電圧が0 Vになるまで放電しても，充電すれば回復します．メモリー効果が大きいといった欠点があります．

関連知識 無停電電源装置（UPS）

船舶の通信設備や航法設備などは安全航行のために必要不可欠ですが，それらの設備を動作させている電源は発電機から供給されています．発電機が正常に動作している場合は直接電力を負荷に供給すると同時に蓄電池にも充電しています．異常事態で発電機が停止した場合，蓄電池から直接電力を供給するか，直流をインバータで交流に変換して負荷に交流電力を供給します．この装置が無停電電源装置です．

★★★ 超重要 | 8.2.5 電池の容量

電池の容量は，充電した電池が放電し終わるまでに放出した電気量で決まります．

電池の容量はAh〔アンペア時〕で表します． 例えば，容量30 Ahの充電済みの電池に電流が1 A流れる負荷を接続して使用したとき，この電池は通常30時間連続して使用できます．もし，電流を2 A流したときは，この電池は15時間

連続して使用できます.

(1) 直列接続した場合の容量

電池を **n 個直列接続**で使用すると, **電圧は n 倍になります**が**容量は変わりません**.

例えば, 図 **8.10** のように, 電圧が 2 V で容量が 30 Ah の電池を 2 個直列に接続すると, 電圧は 2 倍の 4 V になりますが, 電池の容量は 1 個分の 30 Ah で変わりません.

(2) 並列接続した場合の容量

電池を **n 個並列接続**で使用すると, **電圧は変化しません**が, **容量は n 倍**になります.

例えば, 図 **8.11** のように, 電圧が 2 V で容量が 30 Ah の蓄電池を 2 個並列に接続すると, 電圧は 2 V で 1 個分と変わりませんが, 電池の容量は 2 個分の 60 Ah となり長持ちします.

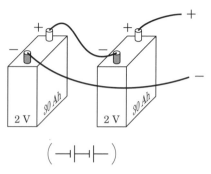

■図 8.10　電池の直列接続

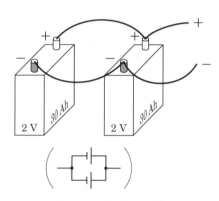

■図 8.11　電池の並列接続

関連知識　時間率

　電池の容量には, 時間率が設けられています. 時間率はその時間に使用した場合に取り出せる容量を表し,「電池の容量÷時間率＝取り出せる電流」になります. 時間率は蓄電池によって異なり, オートバイは 10 時間率, 自動車（国内）は 5 時間率, 自動車（欧州）は 20 時間率が採用されています.

　例えば, 200 Ah（10 時間率）の容量を持つ鉛蓄電池の場合, 20 A の電流を 10 時間放電できる計算になります. しかし, 大電流で放電する場合は放電時間が短くなりますので, 40 A の電流を 5 時間放電することはできません（すなわち, 容量が小さくなるので注意が必要です）.

問題 ④ ★★ ➡8.2

次の記述の □ 内に入れるべき字句の組合せで, 正しいのはどれか.

一般に, 充放電が可能な □A□ 電池の一つに □B□ があり, ニッケルカドミウム蓄電池に比べて, 自己放電が少なく, メモリー効果がない等の特徴がある.

	A	B
1	一次	リチウムイオン蓄電池
2	一次	マンガン乾電池
3	二次	リチウムイオン蓄電池
4	二次	マンガン乾電池

解説 充放電が可能な**二次電池**の一つの**リチウムイオン蓄電池**は, 自己放電が小さく, メモリー効果がないとった特徴があります. なお, マンガン乾電池は充放電ができない一次電池です.

答え▶▶▶3

出題傾向 電池の特徴に関する問題のほとんどが二次電池ーリチウムイオン蓄電池の組合せを選ぶ問題です.

問題 ⑤ ★★★ ➡8.2.5

12 V, 60 Ah の蓄電池を 2 個並列に接続したとき, 合成電圧及び合成容量の組合せで, 正しいのは次のうちどれか.

	合成電圧	合成容量
1	12 V	60 Ah
2	12 V	120 Ah
3	24 V	60 Ah
4	24 V	120 Ah

解説 12 V の蓄電池を 2 個並列に接続すると, 合成電圧は**12 V**のままで, 合成容量は 2 倍の**120 Ah**になります.

 蓄電池を n 個並列接続すると, 合成電圧は変わらず, 合成容量が n 倍になります.

答え▶▶▶2

出題傾向 3個直列に接続した問題も出題されています．その場合は合成電圧が3倍になり，合成容量は変わりません．

問題 6 ★★ ➡ 8.2.5

端子電圧 6 V，容量（10 時間率）30 Ah の充電済みの鉛蓄電池に，動作時に 3 A の電流が流れる装置を接続して連続動作させた．通常，何時間まで動作させることができるか．

1 5 時間　　2 10 時間　　3 15 時間　　4 20 時間

解説 電池の容量が 30 Ah で，電流を 3 A 流せば，30 ÷ 3 = **10 時間**まで動作させることができます．

答え▶▶▶ 2

⑨章 測　定

→ この章から **1** 問出題

指示計器，電圧・電流の測定方法，テスタの使用方法について学びます．試験に出題されるのは，「電圧計の接続方法」，「電流計の接続方法」，「アナログテスタで測定できないもの」，「アナログテスタの使い方」などです．

9.1　指示計器と使い方

▎9.1.1　指示計器

　指示計器は構造が簡単で安価なため，現在も広く使用されており，「直流電圧計」「直流電流計」「交流電圧計」「交流電流計」「高周波電流計」などがあり，用途によって使い分けします．指示計器の種類と図記号を**表 9.1** に示します．

　電流計や電圧計の各種指示計器には，コイルやダイオードを用いたものなど，さまざまな部品が使用されています．なお，高周波電流計には，熱電対を用いた熱電対形電流計を用います．

■表 9.1　指示計器の種類と図記号

指示計器の種類	図記号
直流電圧計	Ⓥ ===
直流電流計	Ⓐ ===
交流電圧計	Ⓥ ～
交流電流計	Ⓐ ～
高周波電流計	Ⓐ ⋀⋀

★★★ 超重要 ▎9.1.2　電圧計と電流計の使い方

　電圧を測定するときは**図 9.1** に示すように測定したい場所に並列に電圧計を接続します．そのときの電圧計は測定する電圧より大きな電圧を測定できるものを使用します．回路に流れる電流を測定するときは**図 9.2** に示すように回路に直列に電流計を接続します．そのときの電流計は流れる電流より大きな電流を測定で

きるものを挿入します．直流の電圧または電流を測定する場合，極性に十分注意
する必要があります（交流には極性がありません）．

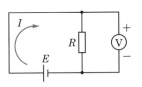

■図9.1 電圧の測定

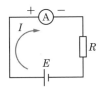

■図9.2 電流の測定

電圧を測定するときは，測定する回路に並列に電圧計を接続します．
電流を測定するときは，回路に直列に電流計を接続します．

問題 1 ★★ → 9.1.2

次の記述の ⬜ 内に入れるべき字句の組合せで，正しいのはどれか．

1個2Vの蓄電池3個を図のように接続したとき，ab間の電圧を測定するには，
最大目盛が ⬜A⬜ の直流電圧計の ⬜B⬜ につなぐ．

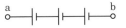

	A	B
1	10 V	⊕端子をa，⊖端子をb
2	10 V	⊕端子をb，⊖端子をa
3	5 V	⊕端子をa，⊖端子をb
4	5 V	⊕端子をb，⊖端子をa

解説 1個2Vの蓄電池3個を直列に接続してあるので，最大目盛が6V以上の直流
電圧計を使用します．最大目盛が5Vだと振り切れて正しい電圧が測れないので，**10 V**
の目盛を使用します．また，電圧計の⊕端子は蓄電池の⊕側であるa，⊖端子は蓄電池
の⊖側であるbに接続して測定します．

答え ▶▶▶ 1

問題 2　★★★　→9.1.2

　負荷抵抗 R にかかる電圧を測定するときの電圧計 V のつなぎ方で，正しいのは次のうちのどれか．

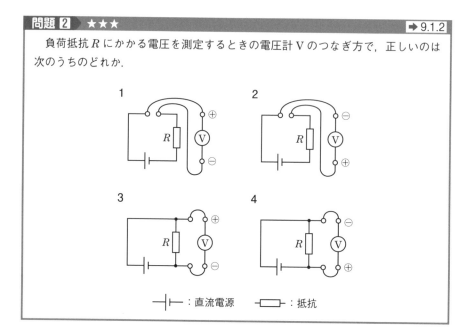

──┤├── : 直流電源　──▭── : 抵抗

解説　電圧を測定するときは，電圧計は測定する素子に**並列に接続**（端子の両端を挟むように接続）します．**電圧計の⊕端子は R の両端の電圧の高い側**（電池の⊕側），⊖端子は R の両端の電圧の低い側（電池の⊖側）に接続します．

交流には極性がありませんが，直流には極性がありますので，直流の電圧計と電流計には極性を正しく接続しなくてはいけません．

答え▶▶▶ 3

問題 **3** ★★★ ➡9.1.2

抵抗 R に流れる直流電流を測定するときの電流計 A のつなぎ方で，正しいのは次のうちどれか．

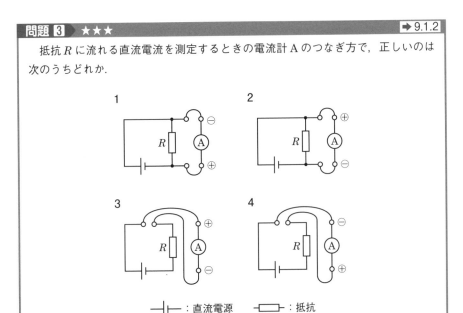

━┤┣━ : 直流電源　━□━ : 抵抗

解説 直流電流を測定するときは，電流計 A を回路に**直列に接続**します．電流計の**⊕端子を直流電源のプラス（＋）側**に，電流計の**⊖端子を抵抗 R に接続**します．

答え ▶▶▶ 3

9 章

★★ 重要 **9.2** アナログテスタ

　電気回路や電子回路の保守点検などに容易に使用できる測定器を**テスタ**（回路計）といいます．テスタは，広い範囲の測定を可能にするために，直流電流計に多くの分流器と倍率器，整流器を組み合わせて，直流電圧，直流電流，交流電圧，抵抗を測定できるようにした測定器です（**図9.3**）．通常，安価なテスタでは交流電流や高周波電流の測定ができません．

零オーム調整
つまみ

直流(DC)電圧
測定レンジ

交流(AC)電圧
測定レンジ

直流(DC)電流
測定レンジ

抵抗測定レンジ

■図9.3 アナログテスタ
(写真提供:三和電気計器株式会社)

図9.3でわかるように,アナログ方式のテスタで測定できるものは,直流電圧
(DCV),直流電流 (DCA),交流電圧 (ACV),抵抗 (Ω) です.

測定前に次のことを確認します.

● メータの指針が目盛左端の0点の位置にあるかどうか.

● 測定レンジを確かめ適切なレンジを選択する.

● 測定値が予測できないときは最大レンジにする.

直流はDC (Direct Current),交流はAC (Alternating Current) と
いいます.また,電流と電圧はその単位から,電流はA (AMPERES),
電圧はV (VOLTS) と略します.

9.2.1 直流電圧（DCV）の測定

直流電圧を測定する際は，レンジ切換スイッチを適切な **DCV**（**DC VOLTS**）のレンジに設定します．マイナス側のテストリード（黒色）を電位の低い方，プラス側のテストリード（赤色）を電位の高い方に接続して直流電圧を測定します．

 測定レンジよりも測定電圧が大きい場合は針が振り切れてしまうので，測定時は大きめのレンジにします（交流でも同様です）．

9.2.2 直流電流（DCA）の測定

直流電流を測定する際は，レンジ切換スイッチを適切な DCA のレンジに設定します．回路に直列に挿入し，プラス側のテストリード（赤色）を電流が流れてくる方，マイナス側のテストリード（黒色）をもう一方に接続して直流電流を測定します．

9.2.3 交流電圧（ACV）の測定

交流電圧を測定する際は，レンジ切換スイッチを適切な **ACV**（**AC VOLTS**）のレンジに設定します．交流電圧にはプラスマイナスの区別はありませんので，赤色テストリードと黒色テストリードは測定点のどちらに接続しても構いませんが，測定箇所に並列に接続します．

9
章

9.2.4 抵抗（Ω）の測定

抵抗を測定する前に必ず**零オーム調整**を行います．プラス側のテスト棒（赤色）とマイナス側のテスト棒（黒色）を短絡し零オーム調整器（0 Ω ADJ つまみ）を調節して，メータの指針を Ω 目盛りの右側の 0 Ω に合わせます．零オーム調整終了後，抵抗の両端にテスト棒を接続し目盛を読み取ります．抵抗の測定レンジを変更した場合は，その都度零オーム調整を行えば正確に測定できます．

関連知識　デジタルテスタ

二海特の試験では，アナログテスタに関する問題が出題されていますが，実際に使われているテスタの多くがデジタルテスタです．

デジタルテスタは直流電圧測定が基本になっています．直流電流並びに交流の電圧や電流などをすべて直流電圧に変換し，その電圧を AD 変換器に入力してデジタル信号に変換した後，液晶などで表示します（交流電圧を測定する場合は，整流器で直流電圧に変換，電流を測定する場合はシャント抵抗を使用して電圧に変換，抵抗を測定する場合は，被測定抵抗に既知の電流を流し，抵抗の両端に生じる電圧から抵抗値を測定します）．

デジタルテスタには次のような特徴があります．
（1）読み取り誤差が少ない
（2）入力抵抗が高い
（3）入力回路には保護回路が入っており，過大入力や逆極性による焼損・破損が少ない

問題4 ★★★　　　　　　　　　　　　　　　→9.2

一般に使用されているアナログ方式の回路計（テスタ）で，直接測定できないものは，次のうちどれか．

1　抵抗　　2　直流電流　　3　交流電圧　　4　高周波電流

解説　アナログ方式の回路計で測定できるのは，「直流電圧」，「直流電流」，「交流電圧」，「抵抗」で，**「高周波電流」や「交流電流」は測定できません**．

答え▶▶▶4

問題5 ★★　　　　　　　　　　　　　　　→9.2

次の記述は，アナログ方式の回路計（テスタ）で直流電圧を測定するとき，通常，測定前に行う操作について述べたものである．適当でないものはどれか．

1　メータの指針のゼロ点を確かめる．
2　測定する電圧に応じた，適当な測定レンジを選ぶ．
3　電圧値が予測できないときは，最大の測定レンジにしておく．
4　テストリード（テスト棒）を測定しようとする箇所に触れる．

解説　テストリード（テスト棒）を測定しようとする箇所に触れるのは測定準備を確かめた後に行います．

答え▶▶▶4

問題 6 ★★　　　　　　　　　　　　　　　　　　→9.2.1

　アナログ方式の回路計（テスタ）を用いて電池単体の端子電圧を測定するには，どの測定レンジを選べばよいか．

1　DC VOLTS
2　DC MILLI AMPERES
3　AC VOLTS
4　OHMS

解説　電池の電圧は直流電圧です．測定は直流（**DC**）の電圧レンジ（**VOLTS**）で行います．

答え▶▶▶ 1

問題 7 ★★★　　　　　　　　　　　　　　　　　→9.2.4

　アナログ方式の回路計（テスタ）を用いて密閉型ヒューズ単体の断線を確かめるには，どの測定レンジを選べばよいか．

1　DC VOLTS
2　AC VOLTS
3　OHMS
4　DC MILLI AMPERES

解説　ヒューズが断線していればヒューズ両端の抵抗が無限大になります．よって，抵抗の測定レンジ（**OHMS**）で抵抗を測定します．断線してなければ0Ω，断線していれば∞Ωになります．

答え▶▶▶ 3

9
章

10章 点検と保守

この章から **1** 問出題

　無線設備は日時が経過すると劣化してきます．無線設備の設置場所の環境や操作方法が適切でない場合は故障することも考えられますので定期的に点検する必要があります．試験に出題されるのは，「DSB（A3E）送受信機の点検」，「FM（F3E）送受信機の点検」，「SSB（J3E）送受信機の点検」などに限定されています．

10.1　無線設備の設置と設置上の注意

10.1.1　送受信機の設置場所

　送受信機を設置するには，直射日光を受けることなく，温度や湿度の影響が少なく，衝撃や振動のない場所を選びます．

10.1.2　アンテナの設置上の注意

　アンテナや給電線は屋外に設置するため，温度や湿度など環境の変化の影響を受けやすく劣化も激しくなります．アンテナを構成する部品の損傷や脱落，給電線の接続状況など目視で点検できるものは定期的に点検する必要があります．

10.1.3　電　源

　無線設備を動作させるには必ず電源装置が必要です．電源装置の点検は以下の事項を確認します．
　（1）電源ケーブルの緩みがなく確実に接続されているか
　（2）規定の電圧が出力されているか
　（3）極性が正しく接続されているか

★★★ 超重要 10.2　無線設備等の点検

　通信を円滑に行うには，無線設備等を次に示すように常に整備しておく必要があります．
　（1）マイクコードが確実に接続されているか．
　（2）スピーカ又はヘッドホンが確実に接続されているか．
　（3）アンテナ及び給電線が確実に接続されているか．
　（4）コネクタが劣化していないか．
　（5）蓄電池の電圧が正常で，適正に充電されているか．

（6）送信周波数及び送信電力が規定の値であるか（周波数計及び電力計で測定する）．

27 MHz 帯の DSB 無線電話装置の例を**図 10.1** に示します．プレストークボタンはマイクロフォンの側面に付いており，プレストークボタンを押すとマイクロフォンから送話できます．

プレストークボタンを押しているとき，受信機は動作を停止しているので，スピーカから受信音は聞こえません．

プレストーク
ボタン

■**図 10.1　27 MHz 帯の DSB 無線電話装置**
（写真提供：日本無線株式会社）

10章

10.2.1　送信機の点検

送受信機のプレストークボタンを押しても電波が発射されない場合は次の事項を点検します．

（1）電源スイッチが ON されているか．

（2）マイクコードが確実に接続されているか．

（3）アンテナ及び給電線が確実に接続されているか．

（4）制御切替器が確実に接続されているか．

SSB（J3E）送信機は，マイクに向かって送話している期間だけ電波が発射されますので，送話音の強弱に比例して出力メータが振れていれば，電波が出力されていることがわかります．

10.2.2　受信機の点検

受信機が動作しない場合は次の事項を点検します.

（1）スピーカ又はヘッドホンが確実に接続されているか.

（2）アンテナ及び給電線が確実に接続されているか.

（3）感度つまみ及び音量つまみが適正な位置にあるか（FM（F3E）受信機の場合はスケルチつまみの位置も確認する）.

★★ 重要 10.2.3　受信機の雑音

受信機において，雑音（ノイズ）が発生することがあります.

雑音には，外部からの電波などで発生する外来雑音（外部雑音）と，電波を送受信していない状態でも発生する内部雑音があります.

受信機の入力をゼロにすると外来雑音か内部雑音かを判別できます. 受信機の入力をゼロにしたときに雑音がなくなれば外来雑音が原因で，ゼロにしても雑音がなくならない場合は内部雑音が原因です.

 受信機の入力をゼロにするためには，アンテナ端子とアース端子間を導線で接続します.

問題 1　★★★　　　　　　　　　　　　　　　　　　　➡ 10.2

単信方式のFM（F3E）送受信機において，プレストークボタンを押して送信しているときの状態の説明で，正しいのはどれか.

1　スピーカから雑音が出ず，受信音も聞こえない.

2　スピーカから雑音が出ていないが，受信音は聞こえる.

3　スピーカから雑音が出ているが，受信音は聞こえない.

4　スピーカから雑音が出ており，受信音も聞こえる.

解説　単信方式ではプレストークボタンを押しているときは，受信機は動作を停止しており，スピーカから雑音や受信音は聞こえません.

答え ▶ ▶ ▶ 1

問題 2 ★★★ → 10.2.1

DSB（A3E）送受信機のプレストークボタンを押したが，電波が発射されなかった．この場合点検しなくてよいのは，次のうちどれか．

1　給電線の接続端子

2　感度調整つまみ

3　電源スイッチ

4　マイクコード

解説 感度調整つまみは受信機の感度を調整するもので，電波の発射には関係ありません．

答え▶▶▶ 2

出題傾向 DSB（A3E）送受信機がFM（F3E）送受信機となる問題が出題されますが，仕組みや外観は同じなので答えは同じです．

問題 3 ★★★ → 10.2.1

FM（F3E）送受信機において，プレストークボタンを押したのに電波が発射されなかった．このとき点検しなくてよいのは，次のうちどれか．

1　制御切替器　　2　電源スイッチ　　3　マイクコード　　4　音量調整つまみ

解説 音量調整つまみは受信機の音量を調整するもので，電波の発射には関係ありません．

答え▶▶▶ 4

問題 4 ★★★ → 10.2.3

無線受信機のスピーカから大きな雑音が出ているとき，これが外来雑音によるものかどうか確かめる方法で，最も適切なものは次のうちどれか．

1　アンテナ端子とスピーカ端子間を高抵抗でつなぐ．

2　アンテナ端子とスピーカ端子間を導線でつなぐ．

3　アンテナ端子とアース端子間を高抵抗でつなぐ．

4　アンテナ端子とアース端子間を導線でつなぐ．

解説 アンテナ端子とアース端子間を導線で接続すると受信機への入力はゼロとなり，外来雑音はなくなります．

答え▶▶▶ 4

10章

2編 法規

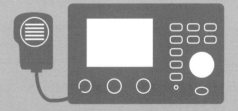

本章からの出題は多くはありませんが，電波法の目的は，電波法令の根幹をなるものですのでしっかり学習しましょう．本章から出題される場合は2章からの出題はありません．

★★
重要 | **1.1** | 電波法の目的

　電波法は1950年（昭和25年）6月1日に施行されました（6月1日は「電波の日」です）．電波は限りある貴重な資源ですので，許可なく自分勝手に使用することはできません．電波を秩序なしに使うと混信や妨害を生じ，円滑な通信ができなくなりますので約束事が必要になります．この約束事が電波法です．電波法は法律全体の解釈・理念を表しています．細目は政令や省令に記されています．

　電波法が施行される前の電波に関する法律は無線電信法でした．無線電信法は「無線電信及び無線電話は政府これを管掌す」とされ，「電波は国家のもの」でしたが，電波法になって初めて「電波が国民のもの」になりました．

電波法 **第1条（目的）**

　この法律は，電波の公平かつ**能率的**な利用を確保することによって，公共の福祉を増進することを目的とする．

問題 **1** ★★★　　　　　　　　　　　　　　　　　　　　　　　→ 1.1

　次の記述は，電波法の目的である．　　　　内に入れるべき字句を下の番号から選べ．

　この法律は，電波の公平かつ　　　　　　な利用を確保することによって，公共の福祉を増進することを目的とする．

1　積極的　　2　経済的　　3　能動的　　4　能率的

答え ▶▶▶ 4

1.2 電波法令

電波法令は電波を利用する社会の秩序維持に必要な法令です．電波法令は，**表1.1** に示すように，国会の議決を経て制定される法律である「**電波法**」，内閣の議決を経て制定される「**政令**」，総務大臣により制定される「**総務省令**（以下，**省令**という）」から構成されています．

■表1.1 電波法令の構成

電波法令	電波法（法律）		国会の議決を経て制定される
	命令	政令	内閣の議決を経て制定される
		省令（総務省令）	総務大臣により制定される

電波法は**表1.2** に示す内容で構成されています．

■表1.2 電波法の構成

第1章	総則（第1条〜第3条）
第2章	無線局の免許等（第4条〜第27条の39）
第3章	無線設備（第28条〜第38条の2）
第3章の2	特定無線設備の技術基準適合証明等（第38条の2の2〜第38条の48）
第4章	無線従事者（第39条〜第51条）
第5章	運用（第52条〜第70条の9）
第6章	監督（第71条〜第82条）
第7章	審査請求及び訴訟（第83条〜第99条）
第7章の2	電波監理審議会（第99条の2〜第99条の15）
第8章	雑則（第100条〜第104条の5）
第9章	罰則（第105条〜第116条）

政令には，**表1.3** に示すようなものがあります．

■表1.3 政令

電波法施行令
電波法関係手数料令

省令には，**表1.4** に示すようなものがあります．「無線局運用規則」のように「〜規則」と呼ばれるものは省令です．

■表 1.4　省令（総務省令）

電波法施行規則
無線局免許手続規則
無線局（基幹放送局を除く）の開設の根本的基準
特定無線局の開設の根本的基準
基幹放送局の開設の根本的基準
無線従事者規則
無線局運用規則
無線設備規則
電波の利用状況の調査等に関する省令
無線機器型式検定規則
特定無線設備の技術基準適合証明等に関する規則
測定器等の較正に関する規則
登録検査等事業者等規則
電波法による伝搬障害の防止に関する規則

★★ 重要　1.3　用語の定義

用語の定義は電波法第 2 条で次のように規定されています．

電波法　第 2 条（定義）

(1)「電波」とは，300 万 MHz 以下の周波数の電磁波をいう．

　300 万 MHz の周波数 f は，$f = 3 \times 10^{12}$ Hz のことです．電波の波長を λ〔m〕とすると，電波の速度 c は，$c = 3 \times 10^8$ m/s ですので，$\lambda = c/f = (3 \times 10^8) / (3 \times 10^{12}) = 10^{-4}$ m となります．すなわち，波長が 0.1 mm より長い電磁波が電波ということになります．

(2)「無線電信」とは，電波を利用して，符号を送り，又は受けるための通信設備をいう．

(3)「無線電話」とは，電波を利用して，音声その他の音響を送り，又は受けるための通信設備をいう．

(4)「無線設備」とは，無線電信，無線電話その他電波を送り，又は受けるための電気的設備をいう．

(5)「無線局」とは，**無線設備及び無線設備の操作を行う者の総体**をいう．ただし，受信のみを目的とするものを含まない．

無線局は物的要素である「無線設備」と，人的要素である「無線設備の操作を行う者」の総体をいいます．「無線設備」というハードウェアがあっても，操作を行う人がいないと「無線局」にはなりません．

(6)「無線従事者」とは，無線設備の操作又はその監督を行う者であって，総務大臣の免許を受けたものをいう．

問題 2 ★★★ →1.3

次の記述は，電波法に規定する「無線局」の定義である．⬚内に入れるべき字句を下の番号から選べ．

「無線局」とは，無線設備及び⬚の総体をいう．ただし，受信のみを目的とするものを含まない．

1 無線設備の操作を行う者
2 無線設備の管理を行う者
3 無線設備の操作の監督を行う者
4 無線設備を所有する者

答え▶▶▶ 1

1.4 電波法の条文の構成

条文は，**表 1.5** のように，「条」「項」「号」で構成されています．

■表 1.5 条文の構成

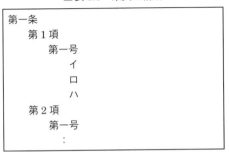

　注）本書では，「条」の漢数字をアラビア数字（例：第 14 条），「項」をアラビア数字（例：2），「号」の漢数字を括弧付きのアラビア数字（例：(1)）で表すことにします.

　例として電波法第 14 条の一部を示します.

電波法　第 14 条（免許状）

　総務大臣は，免許を与えたときは，免許状を交付する. ←（第 1 項の数字は省略）

2　免許状には，次に掲げる事項を記載しなければならない.　　　←（第 2 項）

　(1) 免許の年月日及び免許の番号

　(2) 免許人（無線局の免許を受けた者をいう. 以下同じ）の氏名又は名称及び住所

　(3) 無線局の種別

　(4) 無線局の目的（主たる目的及び従たる目的を有する無線局にあっては，その主従の区別を含む）

　(5)〜(11) は省略

3　基幹放送局の免許状には，前項の規定にかかわらず，次に掲げる事項を記載しなければならない.　　　←（第 3 項）

　(1) 前項各号（基幹放送のみをする無線局の免許状にあっては，(5) を除く）に掲げる事項

以下略

　例えば，上記の「無線局の種別」は，電波法第 14 条第 2 項 (3) と表記します.

　二海特の試験では，条文の出所は直接必要ではありませんが，インターネットで電波法などの法令を検索できますので，参考として掲載しています.

2章 無線局の免許

無線局開設までの手続きは複雑ですが，試験に出題されるのは，「免許の申請の審査事項」，「無線設備の設置場所の変更」，「無線設備の変更の工事をしようとするときの手続き」，「電波の型式及び周波数の指定の変更を受けようとするときの手続き」，「免許が効力を失ったときの措置」などです．1章から出題される場合は本章からの出題はありません．試験で出題されるのは 2.7 のみですが，その他は資格取得後に必要な知識ですので覚えておきましょう．

2
章

2.1 無線局の開設と免許

　無線局は自分勝手に開設することはできません．無線局を開設しようとする者は総務大臣の免許を受けなければなりません．免許がないのに無線局を開設したり，又は運用した者は，1年以下の懲役又は 100 万円以下の罰金に処せられます．ただし，発射する電波が著しく微弱な場合など，一定の範囲の無線局においては免許を受けなくてもよい場合もあります．

無線設備やアンテナを設置し，容易に電波を発射できる状態にある場合は無線局を開設したとみなされますので注意が必要です．

2.2 無線局の免許の欠格事由

　無線局の免許の欠格事由には，絶対的欠格事由（外国性の排除）と相対的欠格事由（反社会性の排除）があります．

　電波法第 5 条で「日本の国籍を有しない人などは，無線局の免許を申請しても免許は与えられない」と規定されています．電波は限られた希少な資源であり，周波数も逼迫しており，日本国民の需要を満たすのも充分ではなく，日本国籍を有しない人に免許を与える余裕はありません．

無線局の免許の欠格事由には，絶対的欠格事由（外国性の排除）と相対的欠格事由（反社会性の排除）があります．

2.3　無線局の免許の申請

　無線局の免許を受けようとする者は，電波法第6条に規定されている通り，申請書に所定の事項を記載した書類を添えて，総務大臣に提出しなければなりません．

　総務大臣は，無線局の免許の申請書を受理したときは，遅滞なくその申請が電波法第7条に規定されている事項に適合しているかどうかを審査しなければなりません．

> **電波法　第7条（申請の審査）**
>
> 　総務大臣は，電波法第6条第1項の申請書を受理したときは，遅滞なくその申請が次の各号のいずれにも適合しているかどうかを審査しなければならない．
> (1) **工事設計が電波法第3章（無線設備）に定める技術基準に適合すること．**
> (2) **周波数の割当てが可能であること．**
> (3) 主たる目的及び従たる目的を有する無線局にあっては，その従たる目的の遂行がその主たる目的の遂行に支障を及ぼすおそれがないこと．
> (4) (1)〜(3) に掲げるもののほか，**総務省令で定める無線局（基幹放送局を除く．）の開設の根本的基準に合致すること．**

> **問題 1　★**　　　　　　　　　　　　　　　　　　　　**➡ 2.3**
>
> 　次に掲げる事項のうち，総務大臣が海上移動業務の無線局の免許の申請の審査をする際に審査する事項に該当しないものはどれか．次のうちから選べ．
> 1　周波数の割当てが可能であること．
> 2　工事設計が電波法第3章（無線設備）に定める技術基準に適合すること．
> 3　総務省令で定める無線局（基幹放送局を除く．）の開設の根本的基準に合致すること．
> 4　その無線局の業務を維持するに足りる経理的基礎及び技術的能力があること．

答え ▶ ▶ ▶ 4

2.4 予備免許

2.4.1 予備免許の付与

　総務大臣は，電波法第7条（申請の審査）の規定により審査した結果，その申請が同条の規定に適合していると認めるときは，申請者に対し，次に掲げる事項を指定して無線局の予備免許を与えます．

予備免許は正式に免許されるまでの一段階にすぎません．予備免許が付与されても，まだ正式に免許された無線局ではありませんので，「試験電波の発射」を行う場合を除いて電波の発射は禁止されています．

2.4.2 予備免許の工事設計等の変更

　予備免許を受けた後，無線設備等の工事をして予備免許の内容を実現する訳ですが，工事の途中で設計の変更が生じる場合があります．その場合，総務大臣の許可を受けて計画の変更ができます．

2.4.3 工事落成及び落成後の検査

　予備免許を受けた者は，工事が落成したときは，その旨を総務大臣に届け出て（落成届），その無線設備等について検査を受けなければなりません．

この検査を新設検査といいます．

2.4.4 免許の拒否

　免許申請を審査した結果，予備免許の付与に適合していないと認めるときは，予備免許は付与されません．落成後の検査（新設検査）に不合格になった場合も免許を拒否されます．

免許を拒否されると，無線局の免許申請そのものがなかったのと同じことになります．

2.5　免許の有効期間と再免許

　総務大臣は，落成後の検査を行った結果，無線設備，無線従事者，業務書類等の規定がそれぞれ違反しないと認めるときは，遅滞なく申請者に対し免許を与えなければなりません．

2.5.1　免許の有効期間

　免許の有効期間は，免許の日から起算して5年を超えない範囲内において総務省令で定めます．ただし，再免許を妨げません．

義務船舶局及び義務航空機局の免許の有効期間は無期限です．

2.5.2　再免許

　再免許は，無線局の免許の有効期間満了と同時に，今までと同じ免許内容で新たに免許することです．再免許の申請期間は免許の有効期間満了前3箇月以上6箇月を超えない期間です．

自動車の免許は「更新」といいますが，無線局の場合は「再免許」といいます．

2.6　免許状等

2.6.1　免許状の交付

　総務大臣は免許を与えたときは，次に示す事項が記載された免許状を交付します．
（1）免許の年月日及び免許の番号
（2）免許人（無線局の免許を受けた者）の氏名又は名称及び住所
（3）無線局の種別
（4）無線局の目的（主たる目的及び従たる目的を有する無線局にあっては，その主従の区別を含む）
（5）通信の相手方及び通信事項
（6）無線設備の設置場所

(7) 免許の有効期間

(8) 識別信号

(9) 電波の型式及び周波数

(10) 空中線電力

(11) 運用許容時間

2.6.2 免許状の訂正

免許人は，免許状に記載した事項に変更を生じたときは，その免許状を総務大臣に提出し，訂正を受けなければなりません．

2.6.3 免許状の再交付

免許人は，免許状を破損し，汚し，失った等のために免許状の再交付の申請をしようとするときは，理由及び免許の番号並びに識別信号を記載した申請書を総務大臣又は総合通信局長に提出しなければなりません．

2.7 免許内容の変更

無線局を開局した後，免許内容を変更する必要がある場合があります．免許内容を変更する場合には，「免許人の意志で免許内容を変更する場合」と「監督権限によって免許内容を変更する場合」があります．

2.7.1 免許人の意志で免許内容を変更する場合

電波法 **第 17 条（変更等の許可）第 1 項**

免許人は，無線局の目的，通信の相手方，通信事項，放送事項，放送区域，無線設備の設置場所若しくは基幹放送の業務に用いられる電気通信設備を変更し，又は無線設備の変更の工事をしようとするときは，**あらかじめ総務大臣の許可**を受けなければならない．ただし，次に掲げる事項を内容とする無線局の目的の変更は，これを行うことができない．

(1) 基幹放送局以外の無線局が基幹放送をすることとすること．

(2) 基幹放送局が基幹放送をしないこととすること．

2.7.2　変更検査

電波法　第 18 条（変更検査）第 1 項

　　電波法第 17 条第 1 項の規定により無線設備の設置場所の変更又は無線設備の変更の工事の許可を受けた免許人は，**総務大臣の検査を受け，当該変更又は工事の結果が同条同項の許可の内容に適合している**と認められた後でなければ，許可に係る無線設備を運用してはならない．ただし，電波法施行規則第 10 条の 4（変更検査を要しない場合）で定める場合は，この限りでない．

2.7.3　指定事項の変更

電波法　第 19 条（申請による周波数等の変更）

　　総務大臣は，免許人又は電波法第 8 条の予備免許を受けた者が識別信号，**電波の型式，周波数**，空中線電力又は運用許容時間**の指定の変更を申請**した場合において，混信の除去その他特に必要があると認めるときは，その指定を変更することができる．

出題傾向　免許人が行う無線局の手続きに関する問題の内容は決まっています．以下の表の内容を覚えておきましょう．

しようとすること	必要な手続き
無線設備の設置場所を変更	あらかじめ総務大臣の許可を受ける
無線設備の変更の工事	あらかじめ総務大臣の許可を受ける
電波の型式及び周波数の指定の変更	総務大臣に申請する

問題 2　★★　　　　　　　　　　　　　　➡ 2.7.1

　　無線局の免許人は，無線設備の変更の工事をしようとするときは，総務省令で定める場合を除き，どうしなければならないか．次のうちから選べ．

1　あらかじめ総務大臣の許可を受ける．
2　あらかじめ総務大臣にその旨を届け出る．
3　あらかじめ無線設備の変更の工事の期日を総務大臣に届け出る．
4　あらかじめ総務大臣の指示を受ける．

解説 無線設備の変更の工事をしようとするときは，あらかじめ**総務大臣の許可**を受ける必要があります．

答え ▶ ▶ ▶ 1

2章

問題 3 ★ → 2.7.1

無線局の免許人は，無線設備の設置場所を変更しようとするときは，どうしなければならないか．次のうちから選べ．

1 あらかじめ総務大臣の指示を受ける．
2 あらかじめ総務大臣の許可を受ける．
3 遅滞なく，その旨を総務大臣に届け出る．
4 変更の期日を総務大臣に届け出る．

解説 無線設備の設置場所を変更しようとするときは，あらかじめ**総務大臣の許可**を受ける必要があります．

答え ▶ ▶ ▶ 2

問題 4 ★ ★ ★ → 2.7.2

無線局の無線設備の変更の工事の許可を受けた免許人は，総務省令で定める場合を除き，どのような手続をとった後でなければ，許可に係る無線設備を運用することができないか．次のうちから選べ．

1 当該工事の結果が許可の内容に適合している旨を総務大臣に届け出た後．
2 総務大臣に運用開始の予定期日を届け出た後．
3 工事が完了した後，その運用について総務大臣の許可を受けた後．
4 総務大臣の検査を受け，当該工事の結果が許可の内容に適合していると認められた後．

解説 無線設備の設置場所の変更又は無線設備の変更の工事の許可を受けた免許人は**総務大臣の検査を受け，当該変更又は工事の結果が許可の内容に適合していると認められた後**でなければ，許可に係る無線設備を運用してはいけません．

答え ▶ ▶ ▶ 4

問題 **5** ★★★　　　　　　　　　　　　　　　　　　　→ 2.7.3

　無線局の免許人は，電波の型式及び周波数の指定の変更を受けようとするとき
は，どうしなければならないか．次のうちから選べ．
1　電波の型式及び周波数の指定の変更を総務大臣に申請する．
2　総務大臣に免許状を提出し，訂正を受ける．
3　電波の型式及び周波数の指定の変更を総務大臣に届け出る．
4　あらかじめ総務大臣の指示を受ける．

解説　電波の型式及び周波数の指定の変更を受けようとするときは，**電波の型式及び
周波数の指定の変更を総務大臣に申請する**必要があります．

答え▶▶▶ 1

2.8　無線局の廃止

2.8.1　廃止届の提出

　免許人は，その無線局を廃止するときは，その旨を総務大臣に届け出なければ
なりません．

★★ 重要

2.8.2　免許状の返納及び電波の発射の防止措置

　免許がその効力を失ったときは，免許人であった者は，**1箇月以内にその免許
状を返納**しなければなりません．

　また，免許人等であった者は，遅滞なく空中線の撤去その他の総務省令で定め
る電波の発射を防止するために必要な措置を講じなければなりません．

> 必要な措置は，電波法施行規則第42条の2で規定されています．例え
> ば，携帯用位置指示無線標識，衛星非常用位置指示無線標識，捜索救助
> 用レーダートランスポンダ，捜索救助用位置指示送信装置などは「電池
> を取り外す」，一般的には「空中線を撤去すること」を意味します．

問題 6 ★★　　　　　　　　　　　　　　　→ 2.8.2

　無線局の免許がその効力を失ったときは，免許人であった者は，その免許状をどうしなければならないか．次のうちから選べ．

1　直ちに廃棄する．

2　3箇月以内に総務大臣に返納する．

3　1箇月以内に総務大臣に返納する．

4　2年間保管する．

答え▶▶▶ 3

2 章

③章 無線設備

試験で出題されるのは，「電波型式の表示（F3E）」，「電波の質」，「船舶に設置するレーダー」，「船舶の航海船橋に設置する無線設備」などです．同じ問題が繰返し出題されています．

3.1 無線設備とは

★
注意

無線局は無線設備と無線設備を操作する者の総体ですので，無線設備は無線局を構成するのに必要不可欠です．

無線設備は，「無線電信，無線電話その他電波を送り，又は受けるための電気的設備」ですが，実際の設備としては，送信設備，受信設備，空中線系（アンテナ及び給電線），送受信装置を適切に動作させるために必要な付帯設備などで構成されています．送信設備は送信機などの送信装置で構成されています．受信設備は受信機などの受信装置で構成されています．アンテナには送信用と受信用がありますが，送受信を1つのアンテナで共用する場合もあります．もちろん，送信機や受信機と空中線を接続する給電線も必要になります．給電線には同軸ケーブルや導波管などがあります．付帯設備には，安全施設，保護装置，周波数測定装置などがあります．

無線設備は，免許を要する無線局はもちろん，免許を必要としない無線局も電波法で規定する技術的条件に適合するものでなければなりません．

本章では，電波の質の重要性，さまざまな種類の空中線電力，送信設備の条件，受信設備の条件，空中線系の条件，付帯設備の条件などを学習します．

3.2 電波の型式と周波数の表示

★★★
超重要

電波の主搬送波の変調の型式，主搬送波を変調する信号の性質及び伝送情報の型式は，**表 3.1 ～表 3.3** に掲げるように分類し，それぞれの記号をもって表示するように定められています．

■表3.1 主搬送波の変調の型式を表す記号

主搬送波の変調の型式		記　号
(1) 無変調		N
(2) 振幅変調	**両側波帯**	**A**
	全搬送波による単側波帯	H
	低減搬送波による単側波帯	R
	抑圧搬送波による単側波帯	J
	独立側波帯	B
	残留側波帯	C
(3) 角度変調	**周波数変調**	**F**
	位相変調	G
(4) 同時に，又は一定の順序で振幅変調及び角度変調を行うもの		D
(5) パルス変調	無変調パルス列	P
	変調パルス列	
	ア　振幅変調	K
	イ　幅変調又は時間変調	L
	ウ　位置変調又は位相変調	M
	エ　パルスの期間中に搬送波を角度変調するもの	Q
	オ　アからエまでの各変調の組合せ又は他の方法によって変調するもの	V
(6) (1) から (5) までに該当しないものであって，同時に，又は一定の順序で振幅変調，角度変調又はパルス変調のうちの2以上を組み合わせて行うもの		W
(7) その他のもの		X

★★★ 超重要
★★★ 超重要

■表3.2 主搬送波を変調する信号の性質を表す記号

主搬送波を変調する信号の性質		記　号
(1) 変調信号のないもの		0
(2) デジタル信号である単一チャネルのもの	変調のための副搬送波を使用しないもの	1
	変調のための副搬送波を使用するもの	2
(3) アナログ信号である単一チャネルのもの		**3**

★★★ 超重要

■表3.2 主搬送波を変調する信号の性質を表す記号（つづき）

主搬送波を変調する信号の性質	記 号
(4) **デジタル信号である2以上のチャネルのもの**	**7**
(5) アナログ信号である2以上のチャネルのもの	8
(6) デジタル信号の1又は2以上のチャネルとアナログ信号の1又は2以上のチャネルを複合したもの	9
(7) その他のもの	X

★ 注意

■表3.3 伝送情報の型式を表す記号

伝送情報の型式		記 号
(1) 無情報		N
(2) 電信	聴覚受信を目的とするもの	A
	自動受信を目的とするもの	B
(3) ファクシミリ		C
(4) データ伝送，遠隔測定又は遠隔指令		D
(5) **電話（音響の放送を含む）**		**E**
(6) テレビジョン（映像に限る）		F
(7) (1) から (6) までの型式の組合せのもの		W
(8) その他のもの		X

★★★ 超重要

電波の型式は，「主搬送波の変調の型式」，「主搬送波を変調する信号の性質」，「伝送情報の型式」の順に従って表示します．

例：

- 中波AMラジオ放送は「A3E」

  （両側波帯の振幅変調でアナログ信号の単一チャネルの電話）

- FMのアナログ式無線電話は「F3E」

  （周波数変調でアナログ信号の単一チャネルの電話）

- デジタル式ラジオマイクは「F7E」

  （周波数変調でデジタル信号である2以上のチャネルの電話）

出題傾向　電波型式の表示に関する問題は「F3E」に限られていますので，しっかり覚えましょう.

問題 1 ★★★　　　　　　　　　　　　　→3.2

　電波の主搬送波の変調の型式が角度変調で周波数変調のもの，主搬送波を変調する信号の性質がアナログ信号である単一チャネルのものであって，伝送情報の型式が電話（音響の放送を含む）の電波の型式を表示する記号はどれか. 次のうちから選べ.

　1　J3E　　2　A3E　　3　F1B　　4　F3E

解説　主搬送波の変調の型式が角度変調で周波数変調→「F」，アナログ信号である単一チャネル→「3」，伝送情報の型式が電話→「E」です.

答え▶▶▶4

関連知識　周波数帯の範囲と略称

　電波の周波数やスペクトルは電波法施行規則第4条の3で表3.4のように定められています.

■表3.4　周波数帯の範囲と略称

周波数帯の周波数の範囲	周波数帯の番号	周波数帯の略称	メートルによる区分
3 kHz 超え，30 kHz 以下	4	VLF	ミリアメートル波
30 kHz を超え，300 kHz 以下	5	LF	キロメートル波
300 kHz を超え，3 000 kHz 以下	6	MF	ヘクトメートル波
3 MHz を超え，30 MHz 以下	7	HF	デカメートル波
30 MHz を超え，300 MHz 以下	8	VHF	メートル波
300 MHz を超え，3 000 MHz 以下	9	UHF	デシメートル波
3 GHz を超え，30 GHz 以下	10	SHF	センチメートル波
30 GHz を超え，300 GHz 以下	11	EHF	ミリメートル波
300 GHz を超え，3 000 GHz（又は3 THz）以下	12		デシミリメートル波

※波長1 m〜1 mm 程度をマイクロ波と呼ぶことがある.
VLF：Very Low Frequency　　　　LF：Low Frequency
MF：Medium Frequency　　　　　HF：High Frequency
VHF：Very High Frequency　　　UHF：Ultra High Frequency
SHF：Super High Frequency　　　EHF：Extremely High Frequency

3.3 電波の質

電波法 第28条（電波の質） ★★★ 超重要

送信設備に使用する**電波の周波数の偏差及び幅，高調波の強度等**電波の質は，総務省令（無線設備規則第5条〜第7条）で定めるところに適合するものでなければならない．

電波の質（電波の周波数の偏差及び幅，高調波の強度等）は覚えておきましょう．

3.3.1 周波数の許容偏差

送信装置から発射される電波の周波数は変動しないことが理想的です．発射される電波の源は，通常水晶発振器などの発振器で信号を発生させます．どのように精密に製作された水晶発振器でも（たとえ原子発振器であっても）時間が経過すれば周波数がずれてきます．すなわち，発射している電波の周波数は偏差を伴っていることになります．これを電波の**周波数の偏差**といいます．

関連知識 周波数の許容偏差

送信設備に使用する電波の周波数の許容偏差は，**表3.5**のように定められています．

■表3.5 周波数の許容偏差の例（無線設備規則別表第1号抜粋）

周波数帯	無線局	周波数の許容偏差（百万分率）
9 kHz を超え 526.5 kHz 以下	無線測位局	100
	標準周波数局	0.005
1 606.5 kHz を超え 4 000 kHz 以下	固定局（200 W 以下のもの）	100
	固定局（200 W を超えるもの）	50
	生存艇及び救命浮機の送信設備	100
	ラジオ・ブイの無線局	100
4 MHz を超え 29.7 MHz 以下	生存艇及び救命浮機の送信設備	50
100 MHz を超え 470 MHz 以下	船舶局（158 MHz を超え 174 MHz 以下）	10

3章 無線設備

130

3.3.2 占有周波数帯幅の許容値

送信装置から発射される電波は，情報を送るために変調されます．変調されると，周波数に幅を持つことになり，この幅は変調の方式によって変化します．1つの無線局が広い「周波数の幅」を占有すると，多くの無線局が電波を使用することができなくなりますので，周波数の幅を必要最小限に抑える必要があります．

占有周波数帯幅は，「空中線電力の99％が含まれる周波数の幅」と定義されています．

関連知識 **占有周波数帯幅の許容値**
発射電波に許容される占有周波数帯幅の値の例を表3.6に示します．

■表3.6 占有周波数帯幅の許容値（無線設備規則別表第2号の抜粋）

電波の型式	占有周波数帯幅の許容値	備　考
A3E	6 kHz	27 MHz 帯を使用する無線局などの無線設備
F1B F1D	0.5 kHz	1　船舶局及び海岸局の無線設備で，デジタル選択呼出し，狭帯域直接印刷電信，印刷電信又はデータ伝送に使用するもの 2　ラジオ・ブイの無線設備
	16 kHz	船舶自動識別装置，簡易型船舶自動識別装置及び捜索救助用位置指示送信装置
F3E	16 kHz	142 MHz を超え 162.0375 MHz 以下の周波数の電波を使用する無線局の無線設備
J3E	3 kHz	SSB 音声通話を行う無線局の無線設備

3.3.3 不要発射の強度の許容値

発射する電波は必然的に，電波の強度が弱いとはいえ，その周波数の2倍や3倍（これを**高調波**という）の周波数成分も発射していることになります．この「高調波の強度」が必要以上に強いと他の無線局に妨害を与えることになります．

また，高調波成分だけでなく，他の不要な周波数成分も同時に発射している可能性もありますので，これらの不要発射について厳格な規制があります．

問題 2 ★★★ → 3.3

次の記述は，電波の質について述べたものである．電波法の規定に照らし，____内に入れるべき字句を下の番号から選べ．

送信設備に使用する電波の____電波の質は，総務省令で定めるところに適合するものでなければならない．

1 周波数の偏差及び安定度等
2 周波数の偏差及び幅，高調波の強度等
3 周波数の偏差，空中線電力の偏差等
4 周波数の偏差及び幅，空中線電力の偏差等

解説 送信設備に使用する電波の**周波数の偏差及び幅，高調波の強度等**電波の質は，総務省令で定めるところに適合するものでなければなりません．

答え▶▶▶ 2

出題傾向 穴埋めの箇所を変えて，「電波の周波数の偏差及び幅」や「高調波の強度等」が空欄になった問題も出題されています．

3.4 空中線電力

空中線電力は送信機から給電線に供給される高周波の電力のことをいいます．

無線局が所定の空中線電力が空中線に供給されていないと，無線局の目的が達せられないことがある反面，過大な空中線電力が空中線に供給されると，電波が強すぎて他の無線局を妨害与える可能性があります．空中線電力の許容値は送信設備の用途ごとに定められています．

3.5 送信設備の一般的条件

送信設備は送信周波数の確度と安定化が最重要事項です．電源電圧や負荷の変化により発振周波数に影響を与えないものでなければなりません．そのため，送信装置の水晶発振回路は，同一の条件の回路によりあらかじめ試験を行って決定されているものであることとされています．また，恒温槽を有する場合は，恒温槽は水晶発振子の温度係数に応じてその温度変化の許容値を正確に維持するもの

でなければなりません.

また，実際上起こり得る振動又は衝撃によっても周波数をその許容偏差内に維持するものでなければなりません.

3.6 受信設備の一般的条件

受信機は発振器が内蔵されているので，その副次的に発する電波又は高周波電流が，総務省令で定める限度をこえて他の無線設備の機能に支障を与えるものであってはならないとされています.

受信設備は，次の（1）から（4）に適合するものでなければなりません.

(1) 内部雑音が小さいこと.

(2) 感度が十分であること.

(3) 選択度が適正であること.

(4) 了解度が十分であること.

3.7 船舶に設置する無線航行のためのレーダーの条件

レーダーは電波法施行規則第2条（32），船舶に設置する無線航行のためのレーダーの条件は電波法施行規則第48条で次のように規定されています.

電波法施行規則 第2条（定義等）（32）

「レーダー」とは，決定しようとする位置から反射され，又は再発射される無線信号と**基準信号**との比較を基礎とする無線測位の設備をいう.

無線設備規則 第48条（レーダー）〈抜粋・一部改変〉

船舶に設置する無線航行のためのレーダーは，次の（1）～（7）の条件に適合するものでなければならない.

(1) その船舶の無線設備，羅針儀その他の設備であって重要なものの機能に障害を与え，又は他の設備によってその運用が妨げられるおそれのないように設置されるものであること.

(2) その船舶の航行の安全を図るために必要な音声その他の音響の聴取に妨げとならない程度に機械的雑音が少ないものであること.

---

(3) 指示器の表示面に近接した位置において電源の開閉その他の操作ができるものであり，当該指示器の操作をするためのつまみ類は，容易に見分けがついて使用しやすいものであること．

(4) **4分以内**に完全に動作するものであり，かつ，15秒以内に完全に動作することができる状態にあらかじめしておくことができること．

(5) 電源電圧が定格電圧の（±）10％以内において変動した場合においても安定に動作するものであること．

(6) 通常起こり得る温度若しくは湿度の変化又は振動があった場合において，支障なく動作するものであること．

(7) 指示器は次の条件に合致するものであること．

　イ　表示面における不要な表示であって雨雪によるもの，海面によるもの及び他のレーダーによるものを減少させる装置を有すること．

　ロ　船首方向を表示することができること（極座標による表示方式のものの場合に限る）．

以下省略

問題 3 ★★　　　　　　　　　　　　　　　　　　　　**→3.7**

　次の記述は，「レーダー」の定義である．電波法施行規則の規定に照らし，□□□内に入れるべき字句を下の番号から選べ．

　「レーダー」とは，決定しようとする位置から反射され，又は再発射される無線信号と□□□との比較を基礎とする無線測位の設備をいう．

1　基準信号　　2　標識信号　　3　同期信号　　4　応答信号

答え▶▶▶ 1

問題 4 ★★★　　　　　　　　　　　　　　　　　　　**→3.7**

　船舶に設置する無線航行のためのレーダー（総務省が別に告示するものを除く）は，何分以内に完全に動作するものでなければならないか．次のうちから選べ．

1　1分以内　　2　2分以内　　3　4分以内　　4　5分以内

解説　レーダーは，**4分以内**に完全に動作するものであり，かつ，あらかじめ15秒以内に完全に動作することができる状態にしておかなくてはいけません．

答え▶▶▶ 3

3.8 磁気羅針儀に対する保護

無線設備規則 第37条の28（磁気羅針儀に対する保護）

　船舶の航海船橋に通常設置する無線設備には，その筐体の見やすい箇所に，当該設備の発する磁界が**磁気羅針儀の機能**に障害を与えない最小の距離を明示しなければならない．

関連知識 磁気羅針儀

　航行中の船舶が針路，方位，位置決定に用いる計器や機器には，コンパス（磁気羅針儀，ジャイロコンパス），レーダー，GPS受信機などがあります．磁気羅針儀（Magnetic Compass）は磁気を利用した計器であるため，周囲に磁界を発生する機器があると誤差を生じる原因になる可能性があります．そのため，船舶の航海船橋に設置する無線設備の筐体の見やすい箇所に磁気羅針儀の機能に支障を与えない最小の距離を明示するように規定されています．

問題 5 ★★　　　　　　　　　　　　　　　　　　　　　→ 3.8

　次の記述は，船舶に施設する無線設備について述べたものである．無線設備規則の規定に照らし，□□□内に入れるべき字句を下の番号から選べ．

　船舶の航海船橋に通常設置する無線設備には，その筐体の見やすい箇所に，当該設備の発する磁界が□□□に障害を与えない最小の距離を明示しなければならない．

　1　自動操舵装置　　　　　　　　2　他の電気的設備の機能
　3　自動レーダープロッティング機能　4　磁気羅針儀の機能

答え▶▶▶ 4

出題内容は,「二海特の操作範囲」,「無線従事者免許を与えられない場合」,「無線従事者免許証の携帯義務」,「無線従事者免許証の再交付」,「無線従事者の選解任時の手続き」などで, 同様の問題が繰返し出題されています.

4.1　無線従事者とは

　無線局の無線設備を操作するには,「無線従事者」でなければならず, 無線従事者は, 電波法第2条で「無線設備の操作又はその監督を行う者であって, 総務大臣の免許を受けたもの」と規定されています.

　すなわち, 無線設備を操作するには「無線従事者免許証」を取得して「無線従事者」になる必要があります.

　一方, コードレス電話機のような電波の出力が弱い無線設備などは誰でも無許可で使えます. このように「無線従事者」でなくても操作可能な無線設備もあります. この章では,「無線従事者」のうち, 第二級海上特殊無線技士の国家試験で出題される範囲を中心に学びます.

> **関連知識　通信操作と技術操作**
>
> 　無線設備の操作には「通信操作」と「技術操作」があります.「通信操作」はマイクロフォン, キーボード, 電鍵(モールス電信)などを使用して通信を行うために無線設備を操作することをいいます.「技術操作」は通信や放送が円滑に行われるように, 無線機器などを調整することをいいます.

★★★ 超重要

4.2　主任無線従事者

　無線従事者でない者は無線設備の操作はできませんが, 無線局の無線設備の操作の監督を行う**主任無線従事者**として選任されている者の監督を受けることにより, 無線設備の操作が可能になります(アマチュア無線局は除く). しかし, モールス符号の送受信を行う無線電信の操作, 船舶局などの通信操作で遭難通信, 緊急通信, 安全通信などは無線従事者でなければ行うことはできません.

　主任無線従事者を選任もしくは解任した場合は, 遅滞なくその旨を所定の様式により総務大臣に届け出なくてはいけません. なお, **無線従事者を選任又は解任した場合も同様**です(電波法第39条に規定).

　免許人等は, 主任無線従事者を選任したときは, 当該主任無線従事者に, 選任

の日から6箇月以内に無線設備の操作の監督に関し総務大臣の行う講習を受けさせなければなりません.

主任無線従事者講習の科目は,「無線設備の操作の監督」及び「最新の無線工学」で講習時間は6時間です. 主任無線従事者は無資格者に無線設備の操作をさせることができることから,受講を義務化しています.

問題 1 ★★★   → 4.2

無線局の免許人は,無線従事者を選任し,又は解任したときは,どうしなければならないか. 次のうちから選べ.
1 1箇月以内にその旨を総務大臣に報告する.
2 遅滞なく,その旨を総務大臣に届け出る.
3 速やかに,総務大臣の承認を受ける.
4 2週間以内にその旨を総務大臣に届け出る.

解説 電波法第39条第4項及び電波法第51条で,「無線従事者を選任又は解任したときは,**遅滞なく,その旨を総務大臣に届け出なければならない**」とされています.

答え ▶▶▶ 2

4.3 無線従事者の資格と操作範囲

4.3.1 無線従事者の資格

無線従事者の資格は電波法第40条にて,(1) 総合無線従事者,(2) 海上無線従事者,(3) 航空無線従事者,(4) 陸上無線従事者,(5) アマチュア無線従事者の5系統に分類され,17区分の資格が定められています. また,電波法施行令第2条にて,海上,航空,陸上の3系統の特殊無線技士は,さらに9資格に分けられています. それぞれの資格ごとに操作及び監督できる範囲が決められています.

海上無線従事者の資格は**表4.1**に示すように,全部で8種類あります.

■表 4.1　海上無線従事者の資格一覧

海上無線通信士	海上特殊無線技士
・第一級海上無線通信士 ・第二級海上無線通信士 ・第三級海上無線通信士 ・第四級海上無線通信士	・第一級海上特殊無線技士 ・第二級海上特殊無線技士 ・第三級海上特殊無線技士 ・レーダー級海上特殊無線技士

★★★ 超重要 **4.3.2　第二級海上特殊無線技士の操作範囲**

第二級海上特殊無線技士及びレーダー級海上特殊無線技士の操作の範囲を**表4.2** に示します.

■表 4.2　第二級海上特殊無線技士及びレーダー級海上特殊無線技士の操作の範囲

資　格	操作の範囲
第二級海上特殊無線技士	(1) 船舶に施設する無線設備（船舶地球局及び航空局の無線設備を除く）並びに海岸局及び船舶のための無線航行局の無線設備で次に掲げるものの国内通信のための通信操作（モールス符号による通信操作を除く）並びにこれらの無線設備（レーダー及び多重無線設備を除く）の外部の転換装置で電波の質に影響を及ぼさないものの技術操作 　イ　空中線電力 10 W 以下の無線設備で 1 606.5 kHz から 4 000 kHz までの周波数の電波を使用するもの 　ロ　空中線電力 **50 W 以下**の無線設備で **25 010 kHz 以上**の周波数の電波を使用するもの (2) レーダー級海上特殊無線技士の操作の範囲に属する操作
レーダー級海上特殊無線技士	海岸局，船舶局及び船舶のための無線航行局のレーダーの外部の転換装置で電波の質に影響を及ぼさないものの技術操作

無線従事者の資格は全部で 23 種類あり，それぞれの資格ごとに操作及び監督できる範囲が決められています．二海特の資格で海上関係のレーダーの操作が可能ですのでレーダー海特の資格を取得する必要はありません．

二海特の操作範囲の問題として，
空中線電力 50 W 以下の無線設備⇔ 25 010 kHz 以上の周波数の電波
の組合せを選ばせる問題がよく出題されていますので覚えておきましょう.

→ 4.3.2

問題 2 ★★★

　第二級海上特殊無線技士の資格を有する者が，船舶局の空中線電力 50 W 以下の無線電話の国内通信のための通信操作を行うことができる周波数の電波はどれか．次のうちから選べ．

1　470 MHz 以上
2　25 010 kHz 以上
3　4 000 kHz から 25 010 kHz まで
4　1 606.5 kHz から 4 000 kHz まで

解説　空中線電力 50 W 以下の無線設備で使用する電波は **25 010 kHz 以上**の周波数です．

答え▶▶▶ 2

出題傾向　選択肢が「1 606.5 kHz 以下」（×）となる問題もあります．

→表 4.2

問題 3 ★★★

　第二級海上特殊無線技士の資格を有する者が，船舶局の 25 010 kHz 以上の周波数の電波を使用する無線電話の国内通信のための通信操作を行うことができるのは，空中線電力何〔W〕以下のものか．次のうちから選べ．

1　100 W　　2　50 W　　3　10 W　　4　5 W

解説　25 010 kHz 以上の周波数の電波で行える通信操作は空中線電力 **50 W** 以下の無線設備です．

答え▶▶▶ 2

4.4　無線従事者の免許

4.4.1　無線従事者免許の取得方法

　無線従事者の免許を取得するには，「無線従事者国家試験に合格する」，「養成課程を受講して修了する」，「学校で必要な科目を修めて卒業する」，「認定講習を修了する」の四つの方法がありますが，短期間で第二級海上特殊無線技士の免許を取得するには，国家試験に合格するか養成課程を修了する必要があります．

4.4.2　第二級海上特殊無線技士の国家試験

　第二級海上特殊無線技士の国家試験の試験科目は，「無線工学」と「法規」の2科目で，科目合格はありません（1回の試験で2科目すべてに合格する必要があります）．令和4年からコンピュータを利用したCBT（Computer Based Testing）方式に変わり，年間を通じて受験可能となりました．

　問題数，1問の配点，満点，合格点，試験時間は**表4.3**のようになっています．

■表4.3　第二級海上特殊無線技士の国家試験の試験科目と合格基準

試験科目	問題数	1問の配点	満　点	合格点	試験時間
無線工学	12	5	60	40	1時間
法規	12	5	60	40	

4.4.3　第二級海上特殊無線技士の試験範囲

　「第二級海上特殊無線技士」の「無線工学」，「法規」の試験範囲は次のとおりです．

（1）無線工学

　無線設備の取扱方法（空中線系及び無線機器の機能の概念を含む）

（2）法規

　電波法及びこれに基づく命令（電気通信事業法及びこれに基づく命令の関係規定を含む）の簡略な概要

4.5　無線従事者免許証

4.5.1　免許の申請

　免許を受けようとする者は，所定の様式の申請書に次に掲げる書類を添えて，総務大臣又は総合通信局長に提出します．

①　氏名及び生年月日を証する書類（住民票など．住民票コード又は他の無線従事者免許証等の番号を記載すれば不要）

②　医師の診断書（総務大臣又は総合通信局長が必要と認めるときに限る）

③　写真（申請前6月以内に撮影した無帽，正面，上三分身，無背景の縦30 mm，横24 mmのもので，裏面に申請に係る資格及び氏名を記載したもの）1枚

また，養成課程により免許を申請する場合は，養成課程の修了証明書等が必要になります．

4.5.2　免許の欠格事由

次のいずれかに該当する者には，無線従事者の免許が与えられないことがあります．

電波法　第42条（免許を与えない場合）

　次の（1）～（3）のいずれかに該当する者に対しては，無線従事者の免許を与えないことができる．
（1）電波法上の罪を犯し罰金以上の刑に処せられ，その執行を終わり，又はその執行を受けることがなくなった日から**2年**を経過しない者
（2）無線従事者の免許を取り消され，取消しの日から**2年**を経過しない者
（3）著しく心身に欠陥があって無線従事者たるに適しない者

4.5.3　無線従事者免許証の交付

総務大臣又は総合通信局長は，免許を与えたときは，免許証を交付します．

無線従事者免許証は無線設備の操作を行わなくても一生涯有効です．

4.5.4　無線従事者免許証の携帯

電波法施行規則　第38条（備付けを要する業務書類）〈抜粋〉

11　無線従事者は，その業務に従事しているときは，免許証を**携帯**していなければならない．

4.5.5　無線従事者免許証の再交付

無線従事者は，氏名に変更を生じたとき又は免許証を汚し，破り，若しくは失ったために免許証の再交付を受けようとするときは，所定の申請書に次に掲げる書類を添えて総務大臣又は総合通信局長に提出しなければなりません．

① 免許証（免許証を失った場合を除く）

② 写真一枚

③ 氏名の変更の事実を証する書類（氏名に変更を生じたときに限る）

無線従事者免許証を失った場合は再免許申請すれば再び免許証を得ることができます．

4.5.6　無線従事者免許証の返納

無線従事者規則　第51条（免許証の返納）

　無線従事者は，**免許の取消しの処分を受けたとき**は，その処分を受けた日から**10日以内にその免許証を総務大臣又は総合通信局長に返納**しなければならない．**免許証の再交付を受けた後失った免許証を発見したときも同様**とする．

2　無線従事者が死亡し，又は失そうの宣告を受けたときは，戸籍法による死亡又は失そう宣告の届出義務者は，遅滞なく，その免許証を総務大臣又は総合通信局長に返納しなければならない．

問題 4　★　　　　　　　　　　　　　　　　　　　　　　　　　　→ 4.5.2

　総務大臣が無線従事者の免許を与えないことができる者はどれか．次のうちから選べ．

　1　無線従事者の免許を取り消され，取消しの日から2年を経過しない者

　2　刑法に規定する罪を犯し罰金以上の刑に処せられ，その執行を終わり，又はその執行を受けることがなくなった日から2年を経過しない者

　3　無線従事者の免許を取り消され，取消しの日から5年を経過しない者

　4　日本の国籍を有しない者

解説　2　刑法ではなく，電波法です．

3　5年ではなく，2年です．

4　無線従事者免許は国籍に関係なく試験に受かれば誰でも取得できます．

答え▶▶▶ 1

問題 5 ★ → 4.5.4

無線従事者は，その業務に従事しているときは，免許証をどのようにしていなければならないか．次のうちから選べ．
1 航海船橋に備え付ける．
2 携帯する．
3 無線局に備え付ける．
4 主たる送信装置のある場所の見やすい箇所に掲げる．

解説 免許証は**携帯**していなくてはいけません．なお，4 は無線局免許状を掲げる場所の説明です．

答え▶▶▶ 2

問題 6 ★★ → 4.5.6

無線従事者は，免許証を失ったためにその再交付を受けた後，失った免許証を発見したときはどうしなければならないか．次のうちから選べ．
1 速やかに発見した免許証を廃棄する．
2 発見した日から 10 日以内に発見した免許証を総務大臣に返納する．
3 発見した日から 10 日以内にその旨を総務大臣に届け出る．
4 発見した日から 10 日以内に再交付を受けた免許証を総務大臣に返納する．

解説 なくした免許証を発見したときは，**10 日以内に発見した免許証を総務大臣又は総合通信局長に返納**しなくてはいけません．

答え▶▶▶ 2

無線局を法令にしたがって能率良く運用するには，無線局運用規則に沿って運用する必要があります．本章では，無線局運用規則を中心に，海上通信で重要な遭難通信，緊急通信，安全通信などの通信方法を学びます．試験に出題されるのは，「免許状記載事項の遵守」，「通信の秘密の保護」，「無線通信の原則」，「遭難通信」，「緊急通信」，「安全通信」などで，本章から多くの問題が出題されています．

5.1 通 則

無線局は無線設備及び無線設備の操作を行う者の総体をいいます．無線局を運用することは，電波を送受信して通信を行うことです．電波は空間を四方八方に拡散して伝わるため，混信や他の無線局への妨害防止などを考慮する必要があります．無線局の運用を適切に行うことにより，電波を能率的に利用することができます．

電波法令は，無線局の運用の細目を定めていますが，すべての無線局に共通した事項と，それぞれ特有の業務を行う無線局（例えば，船舶局や標準周波数局など）ごとの事項が定められています．すべての無線局の運用に共通する事項を**表5.1**に示します．

■表5.1　すべての無線局の運用に共通する事項

(1) 目的外使用の禁止（免許状記載事項の遵守）（電波法第 52，53，54，55 条）
(2) 混信等の防止（電波法第 56 条）
(3) 擬似空中線回路の使用（電波法第 57 条）
(4) 通信の秘密の保護（電波法第 59 条）
(5) 時計，業務書類等の備付け（電波法第 60 条）
(6) 無線局の通信方法（電波法第 58，61 条，無線局運用規則全般）
(7) 無線設備の機能の維持（無線局運用規則第 4 条）
(8) 非常の場合の無線通信（電波法第 74 条）

5.1.1　目的外使用の禁止（免許状記載事項の遵守）

注意★

無線局は**免許状**に記載されている範囲内で運用しなければなりません．ただし，「遭難通信」，「緊急通信」，「安全通信」，「非常通信」などを行う場合は，免許状に記載されている範囲を超えて運用することができます．

電波法 第52条（目的外使用の禁止等）

　無線局は，免許状に記載された目的又は通信の相手方若しくは通信事項（特定地上基幹放送局については放送事項）の範囲を超えて運用してはならない．ただし，次に掲げる通信については，この限りでない．

(1) 遭難通信（船舶又は航空機が重大かつ急迫の危険に陥った場合に遭難信号を前置する方法その他総務省令で定める方法により行う無線通信）

遭難信号は「MAYDAY（メーデー）」又は「遭難」です．

(2) 緊急通信（船舶又は航空機が重大かつ急迫の危険に陥るおそれがある場合その他緊急の事態が発生した場合に緊急信号を前置する方法その他総務省令で定める方法により行う無線通信）

緊急信号は「PAN PAN（パン パン）」又は「緊急」です．

(3) 安全通信（船舶又は航空機の航行に対する重大な危険を予防するために安全信号を前置する方法その他総務省令で定める方法により行う無線通信）

安全信号は「SECURITE（セキュリテ）」又は「警報」です．

(4) 非常通信（地震，台風，洪水，津波，雪害，火災，暴動その他非常の事態が発生し，又は発生するおそれがある場合において，有線通信を利用することができないか又はこれを利用することが著しく困難であるときに人命の救助，災害の救援，交通通信の確保又は秩序の維持のために行われる無線通信）

(5) 放送の受信

(6) その他総務省令で定める通信

総務省令で定める通信は電波法施行規則第37条に定められており，「無線機器の試験又は調整をするために行う通信」などがあります．

　無線局を運用する場合（ただし遭難通信を除く），無線設備の設置場所，識別信号，電波の型式及び周波数は，免許状等に記載されたところによらなければならず，空中線電力は，「免許状等に記載されたものの範囲内」，「通信を行うため必要最小のもの」である必要があります．

5.1.2 混信等の防止

「混信」とは，他の無線局の正常な業務の運行を妨害する電波の発射，輻射又は誘導をいいます．この混信は，無線通信業務で発生するものに限定されており，送電線や高周波設備などから発生するものは含みません．

無線局は，他の無線局又は電波天文業務（宇宙から発する電波の受信を基礎とする天文学のための当該電波の受信の業務）用の受信設備など，総務大臣が指定するものにその運用を阻害するような混信その他の妨害を与えないように運用しなければなりません．ただし，遭難通信，緊急通信，安全通信，非常通信については，この限りではありません．

★★★ 超重要 5.1.3 擬似空中線回路の使用

電波法 第57条（擬似空中線回路の使用）〈一部改変〉

無線局は，「**無線設備の機器の試験又は調整を行うために運用するとき**」，「**実験等無線局を運用するとき**」は，なるべく擬似空中線回路を使用しなければならない．

「擬似空中線回路」とはアンテナと等価な抵抗，インダクタンス，キャパシタンスを有する，送信機のエネルギーを消費させる回路のことです．エネルギー（電波）を空中に放射しないので，他の無線局に妨害を与えることなく，無線機器などの試験や調整を行うことができます．

★★★ 超重要 5.1.4 通信の秘密の保護

電波法第59条で「何人も法律に別段の定めがある場合を除くほか，**特定の相手方に対して行われる無線通信**を傍受してその存在若しくは内容を漏らし，又はこれを窃用してはならない」と規定され，通信の秘密が保護されています．

法律に別段の定めがある場合は，犯罪捜査などが該当します．「傍受」は自分宛ではない無線通信を積極的意思を持って受信することです．「窃用」は，無線通信の秘密をその無線通信の発信者又は受信者の意思に反して，自分又は第三者の利益のために利用することをいいます．

無線局の取扱中に係る無線通信の秘密を漏らし，又は窃用した者は，1年以下の懲役又は50万円以下の罰金に処せられます（無線通信の業務に従事する者の

場合は2年以下の懲役又は100万円以下の罰金で，より罰が重くなっています）．

▌5.1.5 無線局の通信方法

無線局の運用において，通信方法を統一することは，無線局の能率的な運用にかかせません．

無線局の呼出し又は応答の方法その他の通信方法，時刻の照合並びに救命艇の無線設備及び方位測定装置の調整その他無線設備の機能を維持するために必要な事項の細目は，総務省令で定められています．

▌5.1.6 無線設備の機能の維持

総務省令で定める送信設備には，その誤差が使用周波数の許容偏差の1/2以下である周波数測定装置を備えつけなければならないとされていますが，「26.175 MHzを超える周波数の電波を利用するもの」や「空中線電力が10 W以下のもの」の小電力の無線局などは除外されています．

問題 1 ★★　　　　　　　　　　　　　　　**➡ 5.1.1**

無線局を運用する場合においては，遭難通信を行う場合を除き，無線設備の設置場所は，どの書類に記載されたところによらなければならないか．次のうちから選べ．

1　免許状
2　免許証
3　無線局事項書の写し
4　無線局の免許の申請書の写し

解説　無線局は**免許状**に記載されている範囲内で運用しなければなりません．

答え▶▶▶ 1

問題 2 ★★★　　　　　　　　　　　　　　**➡ 5.1.3**

無線局がなるべく擬似空中線回路を使用しなければならないのはどの場合か．次のうちから選べ．

1　工事設計書に記載した空中線を使用できないとき．
2　他の無線局の通信に混信を与えるおそれがあるとき．
3　総務大臣の行う無線局の検査のために運用するとき．
4　無線設備の機器の試験又は調整を行うために運用するとき．

解説 なるべく擬似空中線回路を使用しなくてはならないときは，**無線設備の機器の試験又は調整を行うために運用するとき**です．

答え▶▶▶ 4

問題 3 ★★★ ➡5.1.4

次の記述は，秘密の保護について述べたものである．電波法の規定に照らし，□□□内に入れるべき字句を下の番号から選べ．

何人も法律に別段の定めがある場合を除くほか，□□□を傍受してその存在若しくは内容を漏らし，又はこれを窃用してはならない．

1 特定の相手方に対して行われる暗語による無線通信
2 総務省令で定める周波数を使用して行われる無線通信
3 総務省令で定める周波数を使用して行われる暗語による無線通信
4 特定の相手方に対して行われる無線通信

解説 電波法第 59 条で「**特定の相手方に対して行われる無線通信**を傍受してその存在若しくは内容を漏らし，又はこれを窃用してはならない」と規定されています．なお，「傍受」とは自分宛でない通信を積極的意思で受信することを意味します．

答え▶▶▶ 4

出題傾向 同様の問題として，「特定の相手方」の部分を穴埋めにした問題も出題されています．

★★★ 超重要 5.2 無線通信の原則等

5.2.1 無線通信の原則

無線通信の原則は無線局運用規則第 10 条で次のように規定されています．

無線局運用規則 第 10 条（無線通信の原則）

必要のない無線通信は，これを行ってはならない．

2 無線通信に使用する用語は，できる限り簡潔でなければならない．

3 無線通信を行うときは，自局の識別信号を付して，その出所を明らかにしなければならない．

「識別信号」とは，呼出符号や呼出名称のことです．呼出符号は無線電信と無線電話の両方に使用され，呼出名称は無線電話に使用されます．例えば，中波放送を行っている NHK 東京第一放送の識別信号（呼出符号）は JOAK です．

4　無線通信は，正確に行うものとし，通信上の誤りを知ったときは，**直ちに訂正**しなければならない．

 無線通信の原則に関する問題は正しいものや誤っているものを選ぶ問題などさまざまなパターンが出題されています．この 4 つを確実に覚えておきましょう．

5
章

5.2.2　送信速度等

　無線電話通信における送信速度等は無線局運用規則第 16 条（送信速度等）に規定されています．

> **無線局運用規則** 第 16 条（送信速度等）第 1 項
> 通報の送信は，**語辞を区切り，かつ，明りょうに発音して**行わなければならない．

　無線通信の原則は，国際法である「無線通信規則」（国内法の無線局運用規則と混同しないように注意）の「無線局からの混信」，「局の識別」の規定より定められました．電波法第 1 条の「電波の能率的な利用」に係わってくる内容です．

> **問題 4** ★★★ ➡ 5.2.1
> 　一般通信方法における無線通信の原則として無線局運用規則に規定されているものはどれか．次のうちから選べ．
> 1　無線通信は，長時間継続して行ってはならない．
> 2　無線通信を行う場合においては，暗語を使用してはならない．
> 3　無線通信を行う場合においては，略符号以外の用語を使用してはならない．
> 4　無線通信に使用する用語は，できる限り簡潔でなければならない．

解説　2　暗語を使用してはいけないのはアマチュア無線局が行う通信です．

答え▶▶▶ 4

無線通信の原則に関する問題はさまざまなパターンが出題されています．正しいものを選ぶ問題として，「無線通信は，正確に行うものとし，通信上の誤りを知ったときは，直ちに訂正しなければならない．」，「必要のない無線通信は，これを行ってはならない．」を選ぶ問題も出題されています．

問題 5 ★★★　　　　　　　　　　　　　　　　　　　　　　　→5.2.1

　一般通信方法における無線通信の原則として無線局運用規則に定める事項に該当しないものはどれか．次のうちから選べ．

1　無線通信は，正確に行うものとし，通信上の誤りを知ったときは，通報の終了後一括して訂正しなければならない．

2　必要のない無線通信は，これを行ってはならない．

3　無線通信に使用する用語は，できる限り簡潔でなければならない．

4　無線通信を行うときは，自局の識別信号を付して，その出所を明らかにしなければならない．

解説　1　「通報の送信終了後一括して訂正」ではなく，正しくは，「**直ちに訂正**」です．

答え▶▶▶ 1

問題 6 ★　　　　　　　　　　　　　　　　　　　　　　　→5.2.2

　次の記述は，通報の送信について述べたものである．無線局運用規則の規定に照らし，□□□内に入れるべき字句を下の番号から選べ．

　無線電話通信における通報の送信は，□□□行わなければならない．

1　語辞を区切り，かつ，明りょうに発音して

2　内容を確認し，一字ずつ区切って発音して

3　明りょうに，かつ，速やかに

4　単語を一語ごとに繰り返して

答え▶▶▶ 1

5.3 無線電話通信の方法

通信方法は無線電信の時代から存在しており，無線電信の通信方法が基準になっています．無線電話が開発されたのは，無線電信の後ですので，無線電話の通信方法は無線電信の通信方法の一部分を読み替えます（例えば，「DE」を「こちらは」に読み替える）．アマチュア無線局の行う通信には，暗語を使用することはできません．発射前の措置は無線局運用規則第19条の2（発射前の措置）に規定されています．

> **無線局運用規則　第19条の2（発射前の措置）第1項**
>
> 　無線局は，相手局を呼び出そうとするときは，電波を発射する前に，受信機を最良の感度に調整し，**自局の発射しようとする電波の周波数その他必要と認める周波数**によって聴守し，他の通信に混信を与えないことを確かめなければならない．ただし，遭難通信，緊急通信，安全通信及び電波法第74条（非常の場合の無線通信）第1項に規定する通信を行う場合並びに海上移動業務以外の業務において他の通信に混信を与えないことが確実である電波により通信を行う場合は，この限りでない．

5.3.1　呼出し

海上移動業務における無線電話による呼出しは，順次送信する次に掲げる事項（以下「呼出事項」という）によって行うものとします．

① 　相手局の呼出符号　　3回以下
② 　こちらは　　　　　　1回
③ 　自局の呼出符号　　　3回以下

5.3.2　呼出しの反復及び再開

海上移動業務における無線電話による呼出しは，2分間の間隔をおいて2回反復することができます．呼出しを反復しても応答がないときは，少なくとも3分間の間隔をおかなければ，呼出しを再開してはなりません．

5.3.3　呼出しの中止

無線局は，自局の呼出しが他の既に行われている通信に**混信を与える旨の通知を受けたときは，直ちにその呼出しを中止**しなければなりません．無線設備の機

器の試験又は調整のための電波の発射についても同様とします．

　この通知をする無線局は，その通知をするに際し，分で表す概略の待つべき時間を示さなければなりません．

★★★ 超重要 ▸5.3.4　応　答

無線局運用規則　**第23条（応答）〈抜粋・一部改変〉**

　無線局は，自局に対する呼出しを受信したときは，直ちに応答しなければならない．

2　**海上移動業務における無線電話による**呼出しに対する応答は，順次送信する次に掲げる事項（以下「応答事項」という）によって行うものとする．

　①　相手局の呼出符号　　3回以下
　②　こちらは　　　　　　1回
　③　自局の呼出符号　　　3回以下

3　前項の応答に際して直ちに通報を受信しようとするときは，応答事項の次に「**どうぞ**」**を送信する**ものとする．ただし，直ちに通報を受信することができない事由があるときは，「どうぞ」の代わりに「**お待ち下さい**」**及び分で表す概略の待つべき時間を送信**するものとする．概略の待つべき時間が10分以上のときは，その理由を簡単に送信しなければならない．

注意）**海上移動業務における無線電話による**「呼出し」「呼出しの反復及び再開」「応答」は陸上通信の場合などと異なります（無線局運用規則第58条の11による）．

★★★ 超重要 ▸5.3.5　不確実な呼出しに対する応答

無線局運用規則　**第26条（不確実な呼出しに対する応答）〈一部改変〉**

　無線局は，自局に対する呼出しであることが確実でない呼出しを受信したときは，その呼出しが反覆され，かつ，自局に対する呼出しであることが確実に判明するまで応答してはならない．

2　自局に対する呼出しを受信した場合において，呼出局の呼出符号が不確実であるときは，応答事項のうち相手局の呼出符号の代わりに「**誰かこちらを呼びましたか**」**を使用**して，直ちに応答しなければならない．

5.3.6 通報の送信

無線局運用規則 第29条（通報の送信）〈抜粋・一部改変〉

呼出しに対し応答を受けたときは，相手局が「お待ち下さい」を送信した場合及び呼出しに使用した電波以外の電波に変更する場合を除いて，直ちに通報の送信を開始するものとする．

2　通報の送信は，次に掲げる事項を順次送信して行うものとする．ただし，呼出しに使用した電波と同一の電波により送信する場合は，①から③までに掲げる事項の送信を省略することができる．

① 相手局の呼出符号　**1回**
② こちらは　　　　　1回
③ 自局の呼出符号　　1回
④ 通報
⑤ どうぞ　　　　　　1回

3　前項の送信において，通報は，「終わり」をもって終わるものとする．

5.3.7 呼出し又は応答の簡易化

空中線電力50 W以下の無線設備を使用して呼出し又は応答を行う場合において，確実に連絡の設定ができると認められるときは，次の事項の送信を省略することができます．

（1）呼出しの場合
① 「こちらは」
② 自局の呼出名称
（2）応答の場合
相手局の呼出名称

5.3.8 長時間の送信

無線局は，長時間継続して通報を送信するときは，30分ごとを標準として適当に「こちらは」及び自局の呼出符号を送信しなければなりません．

5.3.9 通信の終了

通信が終了したときは，「さようなら」を送信するものとします．

5.3.10　試験電波の発射

無線局運用規則　第 39 条（試験電波の発射）〈一部改変〉

　　無線局は，無線機器の試験又は調整のため電波の発射を必要とするときは，発射する前に自局の発射しようとする電波の周波数及びその他必要と認める周波数によって聴守し，他の無線局の通信に混信を与えないことを確かめた後，次の符号を順次送信し，更に 1 分間聴守を行い，他の無線局から停止の請求がない場合に限り，「本日は晴天なり」の連続及び自局の呼出符号 1 回を送信しなければならない．この場合において，「本日は晴天なり」の連続及び自局の呼出符号の送信は，10 秒間を超えてはならない．

　　① 　ただいま試験中　　3 回

　　② 　こちらは　　　　　1 回

　　③ 　自局の呼出符号　　3 回

2 　前項の試験又は調整中は，しばしばその電波の周波数により聴守を行い，**他の無線局から停止の要求がないかどうか**を確かめなければならない．

3 　海上移動業務以外の業務の無線局にあっては，必要があるときは，10 秒間をこえて「本日は晴天なり」の連続及び自局の呼出符号の送信をすることができる．

問題 7　★★★　　　　　　　　　　　　　　　　　　　　　→ 5.3

　　無線局は遭難通信を行う場合を除き，相手局を呼び出そうとするときは，電波を発射する前に，どの電波の周波数を聴守しなければならないか．次のうちから選べ．

　1 　他の既に行われている通信に使用されている周波数であって，最も感度のよいもの

　2 　自局に指定されているすべての周波数

　3 　自局の付近にある無線局において使用されている電波の周波数

　4 　自局の発射しようとする電波の周波数その他必要と認める周波数

解説　無線局は，「相手局を呼び出そうとするときは，電波を発射する前に，受信機を最良の感度に調整し，**自局の発射しようとする電波の周波数その他必要と認める周波数**によって聴守し，他の通信に混信を与えないことを確かめなければならない」とされています．

答え▶▶▶ 4

問題 8 ★　　　　　　　　　　　　　　　　　　　　→5.3.3

　無線局は，自局の呼出しが他の既に行われている通信に混信を与える旨の通知を受けたときは，どうしなければならないか．次のうちから選べ．

1　空中線電力をなるべく小さくして注意しながら呼出しを行う．

2　直ちにその呼出しを中止する．

3　中止の要求があるまで呼出しを反復する．

4　混信の度合いが強いときに限り，直ちにその呼出しを中止する．

答え▶▶▶ 2

問題 9 ★★★　　　　　　　　　　　　　　　　　→5.3.4

　無線電話通信において，応答に際して直ちに通報を受信しようとするときに応答事項の次に送信する略語はどれか．次のうちから選べ．

1　どうぞ　　　2　送信して下さい　　　3　了解　　4　OK

解説　応答に際して直ちに通報を受信しようとするときは，応答事項の次に「どうぞ」を送信するものとします．

答え▶▶▶ 1

問題 10 ★★★　　　　　　　　　　　　　　　　→5.3.4

　無線電話通信において，応答に際して直ちに通報を受信することができない事由があるときに応答事項の次に送信することになっている事項はどれか．次のうちから選べ．

1　「お待ちください」及び通報を受信することができない理由

2　「どうぞ」及び通報を受信することができない理由

3　「どうぞ」及び分で表す概略の待つべき時間

4　「お待ちください」及び分で表す概略の待つべき時間

解説　応答に際して直ちに通報を受信することができないときは，「どうぞ」の代わりに**「お待ちください」及び分で表す概略の待つべき時間**を送信するものとします．

答え▶▶▶ 4

問題 ⓫ ★★★　　　　　　　　　　　　　　　　　　　　　　⟹ 5.3.5

　無線電話通信において，無線局は，自局に対する呼出しを受信した場合に，呼出局の呼出名称が不確実であるときは，応答事項のうち相手局の呼出名称の代わりにどの略語を使用して直ちに応答しなければならないか．次のうちから選べ．

1　反復
2　貴局名は何ですか
3　誰かこちらを呼びましたか
4　各局

解説　呼出局の呼出符号が不確実であるときは，応答事項のうち相手局の呼出符号の代わりに**「誰かこちらを呼びましたか」**を使用して，直ちに応答しなければなりません．

答え▶▶▶ 3

問題 ⓬ ★　　　　　　　　　　　　　　　　　　　　　　　　⟹ 5.3.6

　次の記述は，無線電話通信における通報の送信について述べたものである．無線局運用規則の規定に照らし，☐☐☐☐内に入れるべき字句を下の番号から選べ．

　通報の送信は，次に掲げる事項を順次送信して行うものとする．

① 　相手局の呼出符号　　　☐☐☐☐
② 　こちらは　　　　　　　1 回
③ 　自局の呼出符号　　　　1 回
④ 　通報
⑤ 　どうぞ　　　　　　　　1 回

1　2 回　　2　4 回　　3　1 回　　4　3 回

解説　通報の送信における相手局の呼出符号は**1 回**です．

答え▶▶▶ 3

問題 ⓭ ★★★　　　　　　　　　　　　　　　　　　　　　⟹ 5.3.10

　無線局が電波を発射して行う無線電話の機器の試験中，しばしば確かめなければならないのはどれか．次のうちから選べ．

1　空中線電力が許容値を超えていないかどうか．
2　その電波の周波数の偏差が許容値を超えていないかどうか．
3　他の無線局から停止の要求がないかどうか．

> 4 「本日は晴天なり」の連続及び自局の呼出名称の送信が5秒間を超えていないかどうか．

解説 試験又は調整中は，しばしばその電波の周波数により聴守を行い，**他の無線局から停止の要求がないかどうか**を確かめなければなりません．

答え▶▶▶3

5.4 海上移動業務，海上移動衛星業務及び海上無線航行業務の無線局の運用

5.4.1 船舶局の運用

電波法 第62条（船舶局の運用）（抜粋）

　船舶局の運用は，その船舶の航行中に限る．ただし，受信装置のみを運用するとき，遭難通信，緊急通信，安全通信，非常通信，無線機器の試験又は調整を行うとき，その他総務省令（無線局運用規則第40条）＊で定める場合は，この限りではない．

　＊入港中の船舶の船舶局を運用することができる場合は，以下の（1）〜（3）などです．
　（1）無線通信によらなければ他に陸上との連絡手段がない場合であって，急を要する通報を海岸局に送信する場合
　（2）総務大臣若しくは総合通信局長が行う無線局の検査に際してその運用を必要とする場合
　（3）26.175 MHzを超え470 MHz以下の周波数の電波により通信を行う場合

　2　海岸局（船舶局と通信を行うため陸上に開設する無線局をいう）は，船舶局から自局の運用に妨害を受けたときは，妨害している船舶局に対して，その妨害を除去するために必要な措置をとることを求めることができる．

　船舶自動識別装置を備えなければならない義務船舶局又は船舶長距離識別追跡装置を備える無線局は，船舶の責任者が当該船舶の安全の確保に関し，航海情報を秘匿する必要があると特に認める場合などを除き，船舶の航行中は常時これらの装置を動作させなければなりません．

5.4.2 船舶局の閉局の制限

船舶局は，次に掲げる通信の終了前に閉局してはなりません．

（1）遭難通信，緊急通信，安全通信及び非常の場合の無線通信（電波法第74条第1項）に規定する通信（これらの通信が遠方で行われている場合等であって自局に関係がないと認めるものを除く）

（2）通信可能の範囲内にある海岸局及び船舶局から受信し又はこれに送信するすべての通報の送受のための通信（空間の状態その他の事情によってその通信を継続することができない場合のものを除く）

5.4.3 聴守電波等

表 5.2 の左欄に掲げる無線局は右欄に掲げる周波数で聴守しなければなりません．

■表 5.2　無線局の種別と聴守義務周波数

無線局	周波数
デジタル選択呼出装置を施設している船舶局及び海岸局	デジタル選択呼出装置を施設している船舶局及び海岸局については，F1B 電波 2 187.5 kHz，4 207.5 kHz，6 312 kHz，8 414.5 kHz，12 577 kHz 及び 16 804.5 kHz 又は F2B 電波 156.525 MHz のうち指定を受けている周波数で常時
船舶地球局及び海岸地球局	総務大臣が別に告示するものは，所定の周波数で常時
船舶局	F3E 電波 156.65 MHz 又は 156.8 MHz の指定を受けている船舶局（旅客船又は総トン数 300 トン以上の船舶であって，国際航海に従事するものの船舶局に限る）は，それらの周波数で，特定海域及び特定港の区域を航行中常時 ナブテックス受信機を設備する船舶局は，F1B 電波 518 kHz 又は 424 kHz で，海上安全情報を送信する無線局の通信圏の中にあるとき常時 インマルサット高機能グループ呼出し受信機を設備する船舶局は，G1D 電波 1 530 MHz から 1 545 MHz までの 5 kHz 間隔の周波数のうち，インマルサット高機能グループ呼出しの回線設定を行うための周波数で常時
海岸局	F3E 電波 156.8 MHz の指定を受けているものは，その周波数で運用義務時間中

5.4.4 船舶局の機器の調整のための通信

電波法 第 69 条（船舶局の機器の調整のための通信）

　海岸局又は船舶局は，他の船舶局から無線設備の機器の調整のための通信を求められたときは，**支障のない限り，これに応じなければならない**．

5.4.5 電波の使用制限

無線局運用規則 第 58 条（電波の使用制限）第 1 項～第 6 項

　2 187.5 kHz，4 207.5 kHz，6 312 kHz，8 414.5 kHz，12 577 kHz 及び 16 804.5 kHz の周波数の電波の使用は，デジタル選択呼出装置を使用して遭難通信，緊急通信又は安全通信を行う場合に限る．

2　2 174.5 kHz，4 177.5 kHz，6 268 kHz，8 376.5 kHz，12 520 kHz 及び 16 695 kHz の周波数の電波の使用は，狭帯域直接印刷電信装置を使用して遭難通信，緊急通信又は安全通信を行う場合に限る．

3　27 524 kHz 及び 156.8 MHz の周波数の電波の使用は，次に掲げる場合に限る．

（1）遭難通信，緊急通信（医事通報に係るものにあっては，156.8 MHz の周波数の電波については，緊急呼出しに限る）又は安全呼出し（27 524 kHz の周波数の電波については，安全通信）を行う場合

（2）呼出し又は応答を行う場合

（3）準備信号（応答又は通報の送信の準備に必要な略符号であって，呼出事項又は応答事項に引き続いて送信されるものをいう．以下同じ）を送信する場合

（4）27 524 kHz の周波数の電波については，海上保安業務に関し急を要する通信その他船舶の航行の安全に関し急を要する通信（（1）に掲げる通信を除く）を行う場合

4　500 kHz，2 182 kHz 及び **156.8 MHz** の周波数の電波の使用は，できる限り短時間とし，かつ，**1 分以上**にわたってはならない．ただし，2 182 kHz の周波数の電波を使用して遭難通信，緊急通信又は安全通信を行う場合及び 156.8 MHz の周波数の電波を使用して遭難通信を行う場合は，この限りでない．

5　8 291 kHz の周波数の電波の使用は，無線電話を使用して遭難通信，緊急通信又は安全通信を行う場合に限る．

6　A3E 電波 121.5 MHz の使用は，船舶局と捜索救難に従事する航空機の航空機局との間に遭難通信，緊急通信又は共同の捜索救難のための呼出し，応答若しくは準備信号の送信を行う場合に限る．

5
章

試験では 156.8 MHz の周波数の電波の使用制限に関する問題が出題されています．この周波数で使用できるのは「遭難通信を行う場合」，「緊急通信を行う場合」，「安全呼出し」，「呼出し又は応答を行う場合」の 4 つの場合で，使用にあたっては，「できる限り短時間とし，かつ，1分以上にわたってはいけない」ことを覚えておきましょう．

5.4.6　デジタル選択呼出通信

(1) 呼出しの送信

呼出しは，次に掲げる事項を送信するものとします．

① 呼出しの種類

② 相手局の識別表示

③ 通報の種類

④ 自局の識別信号

⑤ 通報の型式

⑥ 通報の周波数等（必要がある場合に限る）

⑦ 終了信号

なお，海岸局における呼出しは，45 秒間以上の間隔をおいて 2 回送信することができます．また，船舶局における呼出しは，5 分間以上の間隔をおいて 2 回送信することができます（これに応答がないときは，少なくとも 15 分間の間隔を置かなければ，呼出しを再開してはなりません）．

(2) 呼出しの受信

自局に対する呼出しを受信したときは，海岸局にあっては 5 秒以上 4 分半以内に，船舶局にあっては 5 分以内に応答するものとします．

また，応答は，次に掲げる事項を送信するものとします．

① 呼出しの種類

② 相手局の識別信号

③ 通報の種類

④ 自局の識別信号

⑤ 通報の型式

⑥ 通報の周波数等

⑦ 終了信号

問題 14 ★★★　→ 5.4.4

　船舶局は，他の船舶局から無線設備の機器の調整のための通信を求められたときは，どうしなければならないか．次のうちから選べ.

1　緊急通信に次ぐ優先順位をもってこれに応ずる.
2　直ちにこれに応ずる.
3　一切の通信を中止して，これに応ずる.
4　支障のない限り，これに応ずる.

解説　海岸局又は船舶局は，他の船舶局から無線設備の機器の調整のための通信を求められたときは，**支障のない限り，これに応じなければなりません.**

答え▶▶▶ 4

問題 15 ★★★　→ 5.4.5

　156.8 MHz の周波数の電波を使用することができないのはどの場合か．次のうちから選べ.

1　遭難通信を行う場合
2　安全通信（安全呼出しを除く）を行う場合
3　緊急通信（医事通報に係るものにあっては，緊急呼出しに限る）を行う場合
4　呼出し又は応答を行う場合

答え▶▶▶ 2

出題傾向　使用することができる 4 つの場合は覚えておきましょう.

問題 16 ★★★　→ 5.4.5

　156.8 MHz の周波数の電波を使用することができるのはどの場合か．次のうちから選べ.

1　漁業通信を行う場合
2　呼出し又は応答を行う場合
3　港務に関する通報を送信する場合
4　電波の規正に関する通信を行う場合

答え▶▶▶ 2

問題 17 ★　　　　　　　　　　　　　　　　　　　　　→5.4.5

　遭難通信を行う場合を除き，その使用は，できる限り短時間とし，かつ，1分以上にわたってはならない周波数の電波はどれか．次のうちから選べ．

　1　156.525 MHz　　2　156.8 MHz　　3　2 187.5 MHz　　4　27 524 MHz

答え▶▶▶2

5.5　目的外使用の禁止の例外

　無線局は免許状に記載されている範囲内で運用しなければなりません．ただし，「遭難通信」，「緊急通信」，「安全通信」，「非常通信」などを行う場合は，免許状に記載されている範囲を超えて運用することができます．ここでは，試験に出題されている「遭難通信」，「緊急通信」，「安全通信」について説明します．

5.5.1　通信の内容と優先順位

海上移動業務及び海上移動衛星業務における通信の優先順位は

(1) 遭難通信

→船舶又は航空機が重大かつ急迫の危険に陥った場合に，「MAYDAY（メーデー）」又は「遭難」を前置して行う無線通信

(2) 緊急通信

→船舶又は航空機が重大かつ急迫の危険に陥るおそれがある場合その他緊急の事態が発生した場合に「PAN PAN（パン パン）」又は「緊急」を前置して行う無線通信

(3) 安全通信

→船舶又は航空機の航行に対する重大な危険を予防するために「SECURITE（セキュリテ）」又は「警報」を前置して行う無線通信

(4) その他の通信

となっています．

遭難通信，緊急通信又は安全通信に係る送信速度は，受信者が筆記できる程度のものでなければなりません．

5.5.2 遭難通信等で使用する電波

海上移動業務における遭難通信，緊急通信又は安全通信は，次の（1）〜（5）に掲げる場合にあっては，それぞれに掲げる電波を使用して行うものとします．ただし，遭難通信を行う場合であって，これらの周波数を使用することができないか又は使用することが不適当であるときは，ほかのいずれの電波も使用できます．

(1) デジタル選択呼出装置を使用する場合

F1B 電波 2 187.5 kHz，4 207.5 kHz，6 312 kHz，8 414.5 kHz，12 577 kHz，16 804.5 kHz 又は F2B 電波 156.525 MHz

(2) デジタル選択呼出通信に引き続いて狭帯域直接印刷電信装置を使用する場合

F1B 電波 2 174.5 kHz，4 177.5 kHz，6 268 kHz，8 376.5 kHz，12 520 kHz，16 695 kHz

(3) デジタル選択呼出通信に引き続いて無線電話を使用する場合

J3E 電波 2 182 kHz，4 125 kHz，6 215 kHz，8 291 kHz，12 290 kHz，16 420 kHz 又は F3E 電波 156.8 MHz

(4) 船舶航空機間双方向無線電話を使用する場合（遭難通信及び緊急通信を行う場合に限る）

A3E 電波 121.5 MHz

(5) 無線電話を使用する場合（（3）及び（4）に掲げる場合を除く）

A3E 電波 27 524 kHz 若しくは F3E 電波 156.8 MHz 又は通常使用する呼出電波

5.6　遭難通信

遭難通信は，「船舶又は航空機が重大かつ急迫の危険に陥った場合に遭難信号を前置する方法その他総務省令で定める方法[注] により行う無線通信をいう．」と規定されています．

遭難通信が行われる例として，「衝突や座礁などで沈没の可能性があり，自力で人命の安全が担保できない場合」などが想定されます．

遭難通信は船舶の責任者の命令を必要とする通信であり，他のすべての通信に優先して取り扱われる最重要の通信です．

注）総務省令で定める方法は電波法施行規則第 36 条の 2 第 1 項に定められており，「デジタル選択呼出装置を使用して行うもの」などがあります．

5.6.1 無線電話による遭難呼出し及び遭難通報の送信順序

無線電話により遭難通報を送信しようとする場合には，次の（1）〜（3）の区別に従い，それぞれに掲げる事項を順次送信して行うものとします．ただし，特にその必要がないと認める場合またはそのいとまのない（余裕がない）場合には，（1）の事項を省略することができます．

（1）警急信号

警急信号は，警急自動受信機を動作させることが目的で送信されます．無線電話による警急信号は，2 200 Hz と 1 300 Hz の正弦波を交互に送信し，各音の長さは 250 ms です．

警急信号を自動機で送信する場合，最短 30 秒，最長 1 分間継続します．

（2）遭難呼出し

①	メーデー（又は「遭難」）	3 回
②	こちらは	1 回
③	遭難している船舶の船舶局の呼出符号又は呼出名称	3 回

遭難呼出しは，特定の無線局にあててはなりません．

（3）遭難通報の送信

① 「メーデー」又は「遭難」

② 遭難した船舶又は航空機の名称又は識別

③ 遭難した船舶又は航空機の位置，遭難の種類及び状況並びに必要とする救助の種類その他救助のため必要な事項

遭難呼出し及び遭難通報の送信は，応答があるまで，必要な間隔を置いて反復しなければなりません．

> 関連知識 **遭難通信，緊急通信又は安全通信で使用する電波**
>
> 　無線電話を使用して遭難通信，緊急通信，安全通信を行う場合，A3E 電波 27 524 kHz 若しくは F3E 電波 156.8 MHz 又は通常使用する呼出電波を使います．デジタル選択呼出装置を使用する場合などの電波については，「5.5.2　遭難通信等で使用する電波」を参照して下さい．

　なお，遭難通信，緊急通信又は安全通信の送信速度は次のように定められています．

無線局運用規則　第 16 条（送信速度等）第 2 項

　2　遭難通信，緊急通信又は安全通信に係る送信速度は，**受信者が筆記できる程度**のものでなければならない．

5.6.2　遭難通報に対する応答

　海岸局又は船舶局は，遭難通報を受信した場合，これに応答するときは，無線電話により，次の事項を順次送信して行うものとします．

①　メーデー（又は「遭難」）	1 回	
②　遭難通報を送信した無線局の呼出符号又は呼出名称	3 回	
③　こちらは	1 回	
④　自局の呼出符号又は呼出名称	3 回	
⑤　了解（又は「OK」）	1 回	
⑥　メーデー（又は「遭難」）	1 回	

　応答した船舶局は，その船舶の責任者の指示を受け，できる限り速やかに，次の事項を順次送信しなければなりません．

①　自局の名称

②　自局の位置（原則として経度及び緯度で表す．）

③　遭難している船舶又は航空機に向かつて進航する速度及びこれに到着するまでに要する概略の時間

④　その他救助に必要な事項

5.6.3　遭難通報等を受信した海岸局及び船舶局のとるべき措置

　海岸局及び船舶局は，遭難呼出しを受信したときは，これを受信した周波数で

聴守を行わなければなりません.

　船舶局は，遭難通報を受信した場合において，その船舶が救助を行うことができず，かつ，その遭難通報に対し他のいずれの無線局も応答しないときは，遭難通報を送信しなければなりません.

問題 18 ★★★　　　　　　　　　　　　　　　　　　→5.6.1

　次の記述は，無線電話通信における遭難呼出しの方法について述べたものである.無線局運用規則の規定に照らし，[　　　]内に入れるべき字句を下の番号から選べ.

　遭難呼出しは，次に掲げる事項を順次送信して行うものとする.

① メーデー（又は「遭難」）　　　3回
② こちらは　　　　　　　　　　1回
③ 遭難船舶局の呼出名称　　　　[　　　]

1　1回　　2　2回　　3　3回　　4　3回以下

解説　無線局運用規則第76条で遭難船舶局の呼出名称の送信は**3回**と定められています.

答え▶▶▶ 3

問題 19 ★★　　　　　　　　　　　　　　　　　　→5.6.1

　船舶局が無線電話通信において遭難通報を送信する場合の送信事項に該当しないものはどれか.次のうちから選べ.

1　「メーデー」又は「遭難」
2　遭難した船舶の乗客及び乗組員の氏名
3　遭難した船舶の名称又は識別
4　遭難した船舶の位置，遭難の種類及び状況並びに必要とする救助の種類その他救助のため必要な事項

解説　遭難通報の送信事項は

① 「メーデー」又は「遭難」
② 遭難した船舶又は航空機の名称又は識別
③ 遭難した船舶又は航空機の位置，遭難の種類及び状況並びに必要とする救助の種類その他救助のため必要な事項

の3つです.

答え▶▶▶ 2

問題 20 ★★★ →5.6.1

遭難呼出し及び遭難通報の送信は，どのように反復しなければならないか．次のうちから選べ．

1　他の通信に混信を与えるおそれがある場合を除き，反復を継続する．
2　少なくとも 3 分間の間隔をおいて反復する．
3　少なくとも 5 回反復する．
4　応答があるまで，必要な間隔をおいて反復する．

解説 遭難呼出し及び遭難通報の送信は，**応答があるまで，必要な間隔をおいて反復**しなければなりません．

答え▶▶▶ 4

問題 21 ★★★ →5.6.1

無線電話通信における遭難通信の通報の送信速度は，どのようなものでなければならないか．次のうちから選べ．

1　できるだけ速いもの
2　緊急の度合いに応じたもの
3　受信者が筆記できる程度のもの
4　送信者の技量に応じたもの

解説 遭難通信，緊急通信又は安全通信に係る送信速度は，**受信者が筆記できる程度のもの**でなければなりません．

答え▶▶▶ 3

5.7　緊急通信

緊急通信は，「**船舶又は航空機が重大かつ急迫の危険に陥るおそれがある場合その他緊急の事態が発生した場合**に緊急信号を前置する方法その他総務省令で定める方法^{注)} により行う無線通信をいう．」と規定されています．

注）総務省令で定める方法は電波法施行規則第 36 条の 2 第 2 項に定められており，「デジタル選択呼出装置を使用して行うもの」などがあります．

緊急通信は遭難通信に次いで重要な通信で，「船舶の機関故障や座礁，乗客の海中への転落などの事故による捜索依頼」などが想定されます．

5.7.1　緊急呼出し

無線電話による緊急呼出しは，次のように 5.3.1 の呼出事項の前に「パン　パン」又は「緊急」を 3 回送信して行います.

①　「パン　パン」又は「緊急」　　　3 回
②　相手局の呼出符号又は呼出名称　　3 回以下 ⎫
③　こちらは　　　　　　　　　　　　1 回　　　⎬呼出事項
④　自局の呼出符号又は呼出名称　　　3 回以下 ⎭

5.7.2　各局あて緊急呼出し

緊急通報を送信するため通信可能の範囲内にある未知の無線局を無線電話で呼び出そうとする場合は次に掲げる事項を順次送信して行います.

①　「パン　パン」又は「緊急」　　　3 回
②　各局　　　　　　　　　　　　　　3 回以下
③　こちらは　　　　　　　　　　　　1 回
④　自局の呼出符号又は呼出名称　　　3 回以下
⑤　どうぞ　　　　　　　　　　　　　1 回

関連知識　緊急通報の送信

通信可能の範囲内にある各無線局に対し，無線電話により同時に緊急通報を送信しようとするときは，次の事項を順次送信して行います.

①　「パン パン」又は「緊急」　　　3 回
②　各局　　　　　　　　　　　　　　3 回以下
③　こちらは　　　　　　　　　　　　1 回
④　自局の呼出符号又は呼出名称　　　3 回以下
⑤　通報の種類　　　　　　　　　　　1 回
⑥　通報　　　　　　　　　　　　　　2 回以下

★★ 重要 ▌5.7.3　緊急通信等を受信した場合の措置

緊急信号又は，総務省令で定める方法で行われる無線通信を受信したときは，遭難通信を行う場合を除き，その通信が自局に関係のないことを確認するまでの間（無線電話の場合は，少なくとも **3 分間**）継続してその緊急通信を受信しなければなりません.

問題 22 ★★★ → 5.7

緊急通信は，どのような場合に行うか．次のうちから選べ．

1 地震，台風，洪水，津波，雪害，火災等が発生した場合
2 船舶又は航空機の航行に対する重大な危険を予防するために必要な場合
3 船舶又は航空機が重大かつ急迫の危険に陥るおそれがある場合その他緊急の事態が発生した場合
4 船舶又は航空機が重大かつ急迫の危険に陥った場合

答え▶▶▶ 3

問題 23 ★★★ → 5.7.3

　船舶局は，無線電話通信において緊急信号を受信したときは，遭難通信を行う場合を除き，少なくとも何分間継続してその緊急通信を受信しなければならないか．次のうちから選べ．

1 2分間　　2 3分間　　3 5分間　　4 10分間

解説 　少なくとも**3分間**は継続してその緊急通信を受信しなければなりません．

答え▶▶▶ 2

5.8 安全通信

　安全通信は，「**船舶又は航空機の航行に対する重大な危険を予防するために安全信号を前置する方法その他総務省令で定める方法**[注]により行う無線通信をいう．」と規定されています．

> 総務省令で定める方法は電波法施行規則第36条の2第3項に定められており，「デジタル選択呼出装置を使用して行うもの」などがあります．

　安全通信には危険な漂流物や沈没船などの存在を知らせる航行警報や気象の急変を知らせることなどが想定されます．

5.8.1　安全呼出し

　無線電話による安全呼出しは，次のように 5.3.1 の呼出事項の前に「セキュリテ」又は「警報」を 3 回送信して行います.

①	「セキュリテ」又は「警報」	**3 回**
②	相手局の呼出符号又は呼出名称	3 回以下
③	こちらは	1 回
④	自局の呼出符号又は呼出名称	3 回以下

②③④ 呼出事項

5.8.2　安全通報の送信

　通信可能の範囲内にあるすべての無線局に対し，無線電話により同時に安全通報を送信しようとするときは，次の事項を順次送信して行います.

①	「セキュリテ」又は「警報」	3 回
②	各局	3 回以下
③	こちらは	1 回
④	自局の呼出符号又は呼出名称	3 回以下
⑤	通報の種類	1 回
⑥	通報	2 回以下

★★★
超重要

5.8.3　安全通信等を受信した場合の措置

　海岸局等は，安全信号又は，総務省令で定める方法で行われた無線通信を受信したときは，その通信が**自局に関係のないことを確認するまでその安全通信を受信**しなければなりません.

　また，遭難通信及び緊急通信を行う場合を除くほか，これに混信を与える一切の通信を中止して直ちにその安全通信を受信し，必要に応じてその要旨をその海岸局，海岸地球局又は船舶の責任者に通知しなければなりません.

問題 24 ★　　　　　　　　　　　　　　　　　　→5.8.1

　船舶局の無線電話による安全呼出しは，呼出事項の前に「セキュリテ」又は「警報」を何回送信して行うことになっているか．次のうちから選べ．

1　1回　　　2　2回　　　3　3回　　　4　5回

解説　安全呼出しにおける「セキュリテ」又は「警報」は **3回**送信します．

答え▶▶▶ 3

問題 25 ★★★　　　　　　　　　　　　　　　　　→5.8.3

　船舶局は，安全信号を受信したときは，どうしなければならないか．次のうちから選べ．

1　その通信が自局に関係がないものであってもその安全通信が終了するまで受信する．

2　その通信が自局に関係がないことを確認するまでその安全通信を受信する．

3　できる限りその安全通信が終了するまで受信する．

4　少なくとも2分間はその安全通信を受信する．

解説　安全信号を受信したときは，その通信が**自局に関係のないことを確認するまでその安全通信を受信**しなければなりません．

答え▶▶▶ 2

5
章

⑥章　業務書類等

この章から **1** 問出題

無線局には，正確な時計及び無線業務日誌その他総務省令で定める書類の備付け義務があります．本章では，時計の時刻の照合や必要な業務書類とその取扱いについて学びます．試験で出題されるのは，「時計の時間の照合」，「備付け書類」，「無線局免許状の掲示」などです．

6.1　備付けを要する業務書類等

　無線局には，正確な時計，無線業務日誌，免許状など所定の業務書類の備付け義務があります．無線業務日誌への記載，保存，免許状の掲示などについても詳細に定められています．

　無線局に選任されている無線従事者は，時計や業務書類を整備するとともに，適切に管理し，保存しなければなりません．

★注意

電波法　第 60 条　（時計，業務書類等の備付け）

　無線局には，**正確な時計**及び無線業務日誌その他総務省令で定める書類を備え付けておかなければならない．ただし，総務省令で定める無線局については，これらの全部又は一部の備付けを省略することができる．

★★★超重要

6.1.1　時　計

　通信においては，正確な時刻を知ること，報知することは大切なことです．そのため，無線局には正確に時を刻む時計を備え付けておかねばなりません．

無線局運用規則　第 3 条（時計）

　電波法第 60 条の時計は，その時刻を**毎日 1 回以上中央標準時又は協定世界時に照合**しなくてはならない．

関連知識　協定世界時（UTC）

　協定世界時の英語名は Coordinated Universal Time ですが，略語は世界時 UT に合わせたという説があります．時間のものさしは国際原子時によって得られますが，うるう秒を入れて世界時から離れないようにしたもので，民間の時計の基礎となっています．

6.1.2　無線業務日誌

　海岸局，海岸地球局，船舶局，船舶地球局等は，無線業務日誌を備え付けておかなければなりません．ただし，義務船舶局以外の船舶局で，特定船舶局が設置

することができる無線設備及び H3E 電波又は J3E 電波 26.1 MHz を超え 28 MHz 以下の周波数を使用する空中線電力 25 W 以下の無線設備以外の無線設備を設置していない船舶局は備付けを省略することができます.

　また，無線業務日誌には，所定の事項を記載しなければなりません．ただし，総務大臣又は総合通信局長において特に必要がないと認めた場合は，記載の一部を省略することができます．なお，使用を終わった無線業務日誌は，使用を終わった日から 2 年間保存しなければなりません（電波法施行規則第 40 条）.

> **関連知識　無線業務日誌の備付けを省略できる無線局**
> 「海上関係無線局」,「航空関係無線局」,「放送関係無線局」,「非常局」以外の無線局は無線業務日誌の備付けを省略することができます.

6 章

6.1.3　備付け書類

　備え付けなければならない書類は無線局によって異なりますが，船舶局及び船舶地球局は次の書類等を備え付ける必要があります.

① 免許状

② 無線局の免許の申請書の添付書類の写し

③ 無線局の変更の申請（届）書の添付書類の写し

④ 無線従事者選解任届の写し

⑤ 船舶局の局名録及び海上移動業務識別の割当表

⑥ 海岸局及び特別業務の局の局名録

> **関連知識　時計の備付けを省略できる無線局**
> 「海上関係無線局」,「航空関係無線局」,「放送関係無線局」,「非常局」,「標準周波数局」,「特別業務の無線局」以外の無線局は時計の備付けを省略することができます.

問題 1 ★　　　　　　　　　　　　　　　　　　　　　　　　　　　➡6.1

　次の記述は，業務書類等の備付けについて述べたものである．電波法の規定に照らし，□□□□内に入れるべき字句を下の番号から選べ．

　無線局には，□□□□及び無線業務日誌その他総務省令で定める書類を備え付けておかなければならない．ただし，総務省令で定める無線局については，これらの全部又は一部の備付けを省略することができる．

1　無線局の免許の申請書の写し
2　無線設備等の点検実施報告書の写し
3　免許人の氏名又は名称を証する書類
4　正確な時計

解説　　無線局には，**正確な時計**及び無線業務日誌その他総務省令で定める書類を備え付けておかなければいけません．

答え▶▶▶ 4

問題 2 ★★★　　　　　　　　　　　　　　　　　　　　　　　　　➡6.1.1

　船舶局に備え付けておかなければならない時計は，その時刻をどのように照合しておかなければならないか．次のうちから選べ．

1　毎月1回以上協定世界時に照合する．
2　毎週1回以上中央標準時に照合する．
3　毎日1回以上中央標準時又は協定世界時に照合する．
4　運用開始前に中央標準時又は協定世界時に照合する．

解説　　船舶局の時計は**毎日1回以上中央標準時又は協定世界時に照合**しなくてはなりません．

答え▶▶▶ 3

6.2　無線局検査結果通知書

　従来の無線検査簿の備付け義務は廃止になり，それに代わり検査結果は無線局検査結果通知書で免許人等に通知されるようになりました．

6.3 免許状の掲示

電波法施行規則 第38条（備付けを要する業務書類）第2項～第3項

2　船舶局，無線航行移動局又は船舶地球局にあっては，免許状は，**主たる送信装置のある場所の見やすい箇所**に掲げておかなければならない．ただし，掲示を困難とするものについては，その掲示を要しない．

3　遭難自動通報局（携帯用位置指示無線標識のみを設置するものに限る.），船上通信局，陸上移動局，携帯局，無線標定移動局，携帯地球局，陸上を移動する地球局であって停止中にのみ運用を行うもの又は移動する実験試験局（宇宙物体に開設するものを除く.），アマチュア局（人工衛星に開設するものを除く.），簡易無線局若しくは気象援助局にあっては，電波法施行規則第38条第1項の規定にかかわらず，その無線設備の常置場所（VSAT地球局にあっては，当該VAST地球局の送信の制御を行う他の一の地球局（VSAT地球局）の無線設備の設置場所とする.）に免許状を備え付けなければならない．

関連知識 電波法施行規則第38条第4項の新設

令和5年度より電波法施行規則第38条第4項が新設され，陸上関係の無線局の免許状の備付けは，免許状をスキャナなどで読み取ったものをパソコンやタブレットで必要に応じて直ちに表示させることで代えることができるようになりました．

問題 3 ★★★　　　　　　　　　　　　　　　　　　　　　　→6.3

船舶局の免許状は，掲示を困難とするものを除き，どの箇所に掲げておかなければならないか．次のうちから選べ．

1　受信装置のある場所の見やすい箇所
2　航海船橋の適宜な箇所
3　主たる送信装置のある場所の見やすい箇所
4　船内の適宜な箇所

答え▶▶▶ 3

7章 監　督

監督には，「公益上必要な監督」，「不適法運用等の監督」，「無線局の検査などの一般的な監督」の3種類があります．本章では，これら3種類の監督に属する具体的な事例について学びます．試験に出題されるのは，「臨時の電波発射の停止」，「無線局の免許の取消し」，「無線従事者免許の取消し」，「報告」などです．

7.1　監督の種類

ここでいう監督は，「国が電波法令に掲載されている事項を達成するために，電波の規整，点検や検査，違法行為の予防，摘発，排除及び制裁などの権限を有するもの」で，免許人や無線従事者はこれらの命令に従わなければなりません．監督には**表 7.1** に示すような，「公益上必要な監督」，「不適法運用等の監督」，「一般的な監督」の3種類があります．

■表 7.1　監督の種類

	監督の種類	内　容
①	公益上必要な監督	電波の利用秩序の維持など公益上必要がある場合，「周波数若しくは空中線電力又は人工衛星局の無線設備の設置場所」の変更を命じる．非常の場合の無線通信を行わせる．　　　　　　　　　　　　　　（電波の規整）
②	不適法運用等の監督	「臨時の電波の発射停止」，「無線局の免許内容制限，運用停止及び免許取消し」，「無線従事者免許取消し」，「免許を要しない無線局及び受信設備に対する電波障害除去の措置命令」などを行う．　　　　　　（電波の規正）
③	一般的な監督（電波法令の施行を確保するための監督）	無線局の検査，報告，電波監視などを実施する．

※上記①は免許人の責任となる事由のない場合，②は免許人の責任となる事由がある場合です．

7.2　公益上必要な監督

7.2.1　周波数等の変更

無線局の周波数若しくは空中線電力又は人工衛星局の無線設備の設置場所について，公益上必要がある場合，総務大臣はこれらの変更を命ずることができます．

> **電波法 第 71 条 （周波数等の変更）第 1 項**
>
> 総務大臣は，電波の規整その他公益上必要があるときは，無線局の目的の遂行に支障を及ぼさない範囲内に限り，当該無線局（登録局を除く．）の周波数若しくは空中線電力の指定を変更し，又は登録局の周波数若しくは空中線電力若しくは人工衛星局の無線設備の設置場所の変更を命ずることができる．

変更命令を行えるのは，「周波数，空中線電力，人工衛星局の無線設備の設置場所」の変更に限られ，「電波の型式，識別信号，運用許容時間」は総務大臣の変更命令によって変更することは許されていません．

7.2.2 非常の場合の無線通信

　総務大臣は，地震，台風，洪水，津波，雪害，火災，暴動その他非常の事態が発生し，又は発生するおそれがある場合においては，人命の救助，災害の救援，交通通信の確保又は秩序の維持のために必要な通信を無線局に行わせることができます．この通信を無線局に行わせたときは，国は，その通信に要した実費を弁償しなくてはなりません．

「非常の場合の無線通信」と「非常通信」は似ていますが，「非常の場合の無線通信」は総務大臣の命令で行わせることに対し，「非常通信」は無線局の免許人の判断で行うものです．混同しないようにしましょう．

7.3 不適法運用等の監督

7.3.1 電波の発射の停止

> **電波法 第 72 条（電波の発射の停止）**
>
> 総務大臣は，**無線局の発射する電波の質が総務省令で定めるものに適合していない**と認めるときは，当該無線局に対して臨時に電波の発射の停止を命ずることができる．

電波の質は周波数の偏差，周波数の幅，高調波の強度等をいいます．

2 総務大臣は，臨時に電波の発射の停止の命令を受けた無線局からその発射する電波の質が総務省令の定めるものに適合するに至った旨の申出を受けたときは，その無線局に電波を試験的に発射させなければならない．

3 総務大臣は，第2項の規定により発射する電波の質が総務省令で定めるものに適合しているときは，直ちに電波の発射の停止を解除しなければならない．

電波法第28条で「送信設備に使用する電波の周波数の偏差及び幅，高調波の強度等電波の質は，総務省令で定めるところに適合するものでなければならない」と規定されています．

7.3.2　無線局の運用の停止又は制限

電波法 **第76条（無線局の免許の取消し等）第1項**

総務大臣は，免許人等が電波法，放送法若しくはこれらの法律に基づく命令又はこれらに基づく処分に違反したときは，3箇月以内の期間を定めて**無線局の運用の停止**を命じ，又は期間を定めて運用許容時間，周波数若しくは空中線電力を制限することができる．

7.3.3　無線局の免許の取消し

総務大臣は，免許人が無線局の免許を受けることができない者となったときは，無線局の免許を取り消さなければなりません．

電波法 **第76条（無線局の免許の取消し等）第4項**

4 総務大臣は，免許人（包括免許人を除く）が次の（1）〜（4）のいずれかに該当するときは，その免許を取り消すことができる．

（1）正当な理由がないのに，無線局の運用を引き続き**6箇月**以上休止したとき．

周波数は有限で貴重なものですので，能率的な利用が求められます．無線局の免許を得ても長く運用を休止しているということは，その無線局自体が不要であり，貴重な周波数の無駄使いと認定され，免許の取消しの対象になっても当然といえます．

（2）不正な手段により無線局の免許若しくは変更等の許可を受け，又は，申請による周波数等の変更など指定の変更を行わせたとき．

（3）無線局の運用の停止又は運用の制限に従わないとき．

(4) 免許人が電波法又は放送法に規定する罪を犯し罰金以上の刑に処せられ, その執行を終わり, 又はその執行を受けることがなくなった日から2年を経過しない者で, 無線局の免許を与えられないことがある者となったとき.

7.3.4 無線従事者の免許の取消し等

無線従事者は総務大臣の免許を受けた者ですので, 電波法令を遵守しなければなりません. また, 主任無線従事者に選任されている場合は, 無資格者に無線設備の操作をさせることになりますので, より一層電波法令の遵守が求められます. そのため, 無線従事者に法令違反があった場合は処分されます. 処分には「**無線従事者免許の取消し**」と「3箇月以内の期間を定めて業務に従事することを停止する」場合があります.

> 電波法 **第79条（無線従事者の免許の取消し等）第1項**
>
> 総務大臣は無線従事者が下記の (1)〜(3) のいずれかに該当するときは**無線従事者の免許を取り消し**, 又は3箇月以内の期間を定めてその業務に従事することを停止することができる.
> (1) **電波法若しくは電波法に基づく命令又はこれらに基づく処分に違反**したとき.
> (2) 不正な手段により免許を受けたとき.
> (3) 著しく心身に欠陥があって無線従事者たるに適しない者に該当するに至ったとき.

> **問題 1** ★★★　　　　　　　　　　　　　　　→ 7.3.1
>
> 総務大臣が無線局に対して臨時に電波の発射の停止を命ずることができるのはどの場合か. 次のうちから選べ.
> 1 無線局の発射する電波の質が総務省令で定めるものに適合していないと認めるとき.
> 2 無線局が免許状に記載された空中線電力の範囲を超えて運用していると認めるとき.
> 3 無線局の発射する電波が他の無線局の通信に混信を与えていると認めるとき.
> 4 運用の停止を命じた無線局を運用していると認めるとき.

7章

解説 総務大臣が無線局に対して臨時に電波の発射の停止を命ずるのは**無線局の発射する電波の質が総務省令で定めるものに適合していないと認めるとき**です.

答え▶▶▶ 1

問題 2 ★★★　　　　　　　　　　　　　　　　　　　　　➡ 7.3.2

　無線局の免許人が電波法又は電波法に基づく命令に違反したときに総務大臣が行うことができる処分はどれか.次のうちから選べ.
1　再免許の拒否
2　通信の相手方又は通信事項の制限
3　電波の型式の制限
4　無線局の運用の停止

解説 　無線局の免許人が電波法又は電波法に基づく命令に違反したときは3箇月以内の期間を定めて**無線局の運用の停止処分**を命ぜられます.

答え▶▶▶ 4

出題傾向 総務大臣が行う処分については無線局の運用の停止のみが出題されています.

問題 3 ★　　　　　　　　　　　　　　　　　　　　　　➡ 7.3.3

　総務大臣が無線局の免許を取り消すことができるのは,免許人(包括免許人を除く)が正当な理由がないのに無線局の運用を引き続き何箇月以上休止したときか.次のうちから選べ.
1　2箇月　　2　1箇月　　3　6箇月　　4　3箇月

答え▶▶▶ 3

問題 4 ★★★　　　　　　　　　　　　　　　　　　　　➡ 7.3.4

　総務大臣から無線従事者がその免許を取り消されることがあるのはどの場合か.次のうちから選べ.
1　引き続き5年以上無線設備の操作を行わなかったとき.
2　電波法又は電波法に基づく命令に違反したとき.
3　刑法に規定する罪を犯し,罰金以上の刑に処せられたとき.
4　日本の国籍を有しない者となったとき.

解説 電波法又は電波法に基づく命令に違反したときは免許を取り消されることがあります．なお，無線設備の操作を行わなくても無線従事者免許証は取り消されません．一生涯有効です．

答え▶▶▶ 2

出題傾向 正解の選択肢が「電波法に違反したとき」となる問題も出題されています．

問題 5 ★★　　　　　　　　　　　　　　→7.3.4

　無線従事者が電波法又は電波法に基づく命令に違反したときに総務大臣から受けることがある処分はどれか．次のうちから選べ．
1　無線従事者の免許の取消し
2　期間を定めて行う無線設備の操作範囲の制限
3　その業務に従事する無線局の運用の停止
4　6箇月間の業務に従事することの停止

解説　受けることがある処分として，「**無線従事者免許の取消し**」のほかに「3箇月間の業務に従事することの停止」があります．

答え▶▶▶ 1

7.4　一般的監督（無線局の検査）

　無線局に対する検査には，「新設検査」，「変更検査」，「定期検査」，「臨時検査」の他に「免許を要しない無線局の検査」があります．「新設検査」と「変更検査」は2章の無線局の免許に関することなので，ここでは「定期検査」と「臨時検査」について解説します．

7.4.1　定期検査
　無線設備は時間の経過とともに劣化します．そのため，無線局が免許を受けたときの状態が，その後も維持されているかどうかを点検するために行われるのが定期検査で，以下の項目を検査します．

- 無線従事者の資格及び員数
- 無線設備
- 時計及び書類

定期検査は，無線局の種別（放送局，基地局など）によって 5 年，3 年，2 年，1 年の周期が決まっています（簡易無線局やアマチュア局のように定期検査を実施しない無線局もあります）．

定期検査の周期の例として，義務船舶局で旅客船又は国際航海に従事する船舶に開設するもの，海岸局で電気通信業務を行うことを目的として開設するもの，漁業用海岸局などは 1 年，漁業用海岸局で 26.175 MHz を超える周波数のみを使用するものは 3 年となっています．

検査の結果について，総務大臣又は総合通信局長から指示を受け相当な措置をしたときは，免許人等は速やかにその措置の内容を総務大臣又は総合通信局長に報告しなければなりません．

7.4.2 臨時検査

定期検査は一定の時期ごとに行われる検査ですが，その他に理由がある場合には臨時に検査が行われることがあります．臨時に検査が行われるのは次のような場合です．

- 技術基準適合命令の無線設備の修理その他の必要な措置をとるべきことを命じたとき．
- 無線局のある船舶又は航空機が外国へ出港しようとする場合．
- 電波の発射の停止で臨時に電波の発射の停止を命じたとき．
- 電波の発射の停止命令を受けた無線局から，免許人が措置を講じ電波の質が総務省令の定めるものに適合するに至った旨の申出を受けたとき．

★★★ 超重要 7.4.3 報 告

遭難通信や非常通信を行ったとき，電波法令に違反して運用している無線局を認めた場合など，速やかに文書で総務大臣に報告しなければなりません．後者の場合は免許人等の協力により電波行政の目的を達成しようというものです．

電波法 第80条（報告等）

　無線局の免許人等は，次に掲げる場合は，総務省令で定める手続により，**総務大臣に報告**しなければならない．

(1) 遭難通信，緊急通信，安全通信又は非常通信を行ったとき．

(2) 電波法又は電波法に基づく命令の規定に違反して運用した無線局を認めたとき．

(3) 無線局が外国において，あらかじめ総務大臣が告示した以外の運用の制限をされたとき．

問題 6 ★★★　　　　　　　　　　　　　　　　　　　→ 7.4.3

　無線局の免許人は，その船舶局が遭難通信を行ったときは，どうしなければならないか．次のうちから選べ．

1　その通信の記録を作成し，1年間これを保存する．

2　総務省令で定める手続により，総務大臣に報告する．

3　船舶の所有者に通報する．

4　速やかに海上保安庁の海岸局に通知する．

答え▶▶▶ 2

出題傾向　問題文の「遭難通信」が「緊急通信」や「安全通信」に変わることがありますが，解答はいずれも「総務省令で定める手続により，総務大臣に報告する」になります．

問題 7 ★★★　　　　　　　　　　　　　　　　　　　→ 7.4.3

　無線局の免許人は，電波法又は電波法に基づく命令の規定に違反して運用した無線局を認めたときは，どうしなければならないか．次のうちから選べ．

1　総務省令で定める手続により，総務大臣に報告する．

2　その無線局の免許人にその旨を通知する．

3　その無線局の電波の発射の停止を求める．

4　その無線局の免許人を告発する．

解説　無線局の免許人は，電波法又は電波法に基づく命令の規定に違反して運用した無線局を認めたときは，**総務省令で定める手続により，総務大臣に報告**しなければなりません．

答え▶▶▶ 1

7.5 電波利用料

無線局の免許人や登録人は所定の電波利用料を払わなければなりません.

電波利用料は,良好な電波環境の構築・整備に係る費用を,無線局の免許人等が分担する制度で,「電波監視業務の充実」「周波数ひっ迫対策のための技術試験事務及び電波資源拡大のための研究開発等」「電波の安全性に関する調査及び評価技術」「標準電波の発射」などに活用されます.

関連知識 電波利用料の金額の例（2023 年 8 月現在）

空中線電力 10 kW 以上のテレビジョン基幹放送局：596,312,200 円
船舶局：400 円
実験等無線局及びアマチュア局：300 円

7.6 罰 則

電波法の目的を達成するため,数々の義務が課せられていますが,その義務が履行されない場合に対し罰則が設けられています.

電波法上の罰則は,「懲役」「禁錮」「罰金」の 3 種類があり,その他に秩序罰としての「過料」があります.

「懲役」「禁錮」「罰金」が科せられる場合のいくつかを**表 7.2** に示します.

「過料」の例を挙げると,免許状の返納違反（電波法第 24 条）については 30万円以下の過料（電波法第 116 条）などがあります.

■表7.2 罰則の具体例

根拠条文	罰則に該当する行為	法定刑
105 条	・無線通信の業務に従事する者が遭難通信の取扱をしなかったとき，又はこれを遅延させたとき（遭難通信の取扱を妨害した者も同様）	1 年以上の有期懲役
106 条	・自己若しくは他人に利益を与え，又は他人に損害を加える目的で，無線設備又は高周波利用設備の通信設備によって虚偽の通信を発した者	3 年以下の懲役又は150 万円以下の罰金
	・船舶遭難又は航空機遭難の事実がないのに，無線設備によって遭難通信を発した者	3 月以上 10 年以下の懲役
107 条	・無線設備又は高周波利用設備の通信設備によって日本国憲法又はその下に成立した政府を暴力で破壊することを主張する通信を発した者	5 年以下の懲役又は禁錮
108 条	・無線設備又は高周波利用設備の通信設備によってわいせつな通信を発した者	2 年以下の懲役又は100 万円以下の罰金
108 条の 2	・電気通信業務又は放送の業務の用に供する無線局の無線設備又は人命若しくは財産の保護，治安の維持，気象業務，電気事業に係る電気の供給の業務若しくは鉄道事業に係る列車の運行の業務の用に供する無線設備を損壊し，又はこれに物品を接触し，その他その無線設備の機能に障害を与えて無線通信を妨害した者（未遂罪は，罰せられる）	5 年以下の懲役又は250 万円以下の罰金
109 条	・無線局の取扱中に係る無線通信の秘密を漏らし，又は窃用した者	1 年以下の懲役又は50 万円以下の罰金
	・無線通信の業務に従事する者がその業務に関し知り得た前項の秘密を漏らし，又は窃用したとき	2 年以下の懲役又は100 万円以下の罰金
110 条	・免許又は登録がないのに，無線局を開設した者	1 年以下の懲役又は100 万円以下の罰金
	・免許状の記載事項違反	
113 条	・無線従事者が業務に従事することを停止されたのに，無線設備の操作を行った場合	30 万円以下の罰金

Column 「罰金」と「科料」と「過料」

罰金：財産を強制的に徴収するもので，その金額は 10,000 円以上です．刑事罰で前科になります．駐車違反などで徴収される反則金は罰金ではありません．

科料：財産を強制的に徴収するもので，その金額は 1,000 円以上，10,000 円未満です．罰金同様，刑事罰で前科になります．軽犯罪法違反など，軽い罪について科料の定めがあります．

過料：行政上の金銭的な制裁で刑罰ではありません．「タバコのポイ捨て禁止条例」などに違反したような場合に過料が課されることがあります．

参考文献

（1） 情報通信振興会編：「学習用電波法令集（抄） 改訂版」，情報通信振興会
  （2023）

（2） 情報通信振興会編：「無線従事者養成課程用標準教科書 法規（一・二・
  レーダー級海特用)」，情報通信振興会（2020）

（3） 今泉至明：「電波法要説（第12版)」，情報通信振興会（2022）

（4） 倉持内武，吉村和昭，安居院猛：「身近な例で学ぶ 電波・光・周波数」，
  森北出版（2009）

（5） 安居院猛，吉村和昭，倉持内武：「エッセンシャル電気回路（第2版)」，
  森北出版（2017）

（6） 吉村和昭，倉持内武：「これだけ！電波と周波数」，秀和システム（2015）

（7） 吉村和昭：「やさしく学ぶ 第一級陸上特殊無線技士試験（改訂2版)」，
  オーム社（2018）

（8） 吉村和昭：「やさしく学ぶ 第二級陸上特殊無線技士試験（改訂2版)」，
  オーム社（2019）

（9） 吉村和昭：「やさしく学ぶ 第三級陸上特殊無線技士試験（改訂2版)」，
  オーム社（2022）

（10） 吉村和昭：「一陸特 無線工学 完全マスター」，情報通信振興会（2016）

索 引

▶　　　　タ　行　　　　◀

▶　　　ナ　行　　　◀

▶　　　ハ　行　　　◀

〈著者略歴〉

吉 村 和 昭（よしむら　かずあき）

学　歴　東京商船大学大学院博士後期課程修了
　　　　博士（工学）
職　歴　東京工業高等専門学校
　　　　桐蔭学園工業高等専門学校
　　　　桐蔭横浜大学電子情報工学科
　　　　芝浦工業大学工学部電子工学科（非常勤）
　　　　国士舘大学理工学部電子情報学系（非常勤）

　　　　第一級総合無線通信士，第一級海上無線通信士，第一級陸上無線技術士

〈主な著書〉

「やさしく学ぶ　第一級陸上特殊無線技士試験（改訂2版）」
「やさしく学ぶ　第二級陸上特殊無線技士試験（改訂2版）」
「やさしく学ぶ　第三級陸上特殊無線技士試験（改訂2版）」
「第一級陸上無線技術士試験　やさしく学ぶ　法規（改訂3版）」
「やさしく学ぶ　航空無線通信士試験（改訂2版）」
「やさしく学ぶ　航空特殊無線技士試験」
「やさしく学ぶ　第三級海上無線通信士試験」　　以上オーム社

やさしく学ぶ
第二級海上特殊無線技士試験（改訂2版）

2017 年 11 月 20 日　　第 1 版第 1 刷発行
2023 年 10 月 20 日　　改訂 2 版第 1 刷発行
2024 年 5 月 10 日　　改訂 2 版第 2 刷発行

著　　者　吉 村 和 昭
発 行 者　村 上 和 夫
発 行 所　株式会社 オ ー ム 社
　　　　　郵便番号　101-8460
　　　　　東京都千代田区神田錦町 3-1
　　　　　電話　03(3233)0641(代表)
　　　　　URL　https://www.ohmsha.co.jp/

© 吉村和昭 2023

組版　新生社　　印刷・製本　平河工業社
ISBN978-4-274-23098-1　Printed in Japan

本書の感想募集　https://www.ohmsha.co.jp/kansou/

本書をお読みになった感想を上記サイトまでお寄せください．
お寄せいただいた方には，抽選でプレゼントを差し上げます．